汉竹·亲亲乐读系列

孕妈40周饮食圣经

李宁 主编

汉竹 编著

U0250962

汉竹图书微博
http://weibo.com/hanzhutushu

读者热线
400-010-8811

江苏凤凰科学技术出版社 | 凤凰汉竹
全 国 百 佳 图 书 出 版 单 位

孕妈40周
饮食圣经

前言

刚怀孕, 吃点儿什么好呢?

孕吐厉害, 宝宝会不会缺营养呢?

怀孕 4 个月了, 应该补什么呢?

能不能吃杏呢?

......

怀孕后, 孕妈妈吃得"小心翼翼", 家人做饭也变得"提心吊胆", 生怕触碰到饮食雷区, 影响腹中胎宝宝的健康。其实只要知晓孕期饮食宜忌, 孕妈妈就可以放心大胆地吃。

本书以孕 10 月为纲, 以孕 40 周为线, 介绍了每月的饮食宜忌, 并按周列举出花样食谱, 家人或孕妈妈只要按孕育时间段做参照就可以了。每月根据胎宝宝发育列举出的食材很贴心, 更重要的是, 把难懂的营养素落实到很容易买到的普通食材上, 再设计成简单易做的菜谱, 让家人买菜方便, 做饭轻松。

《孕妈 40 周饮食圣经》是一本在你感到迷茫和困惑时为你指引方向的孕期营养大百科全书, 有了这本书, 孕妈妈不会走进"盲目进补"的误区, 也不会踏入"饮食禁忌"的雷区。当你怀着喜悦的心情捧着这本书的时候, 腹中那颗幸福的种子也正在汲取丰富的营养, 并努力生长发芽。

孕10月生活饮食关键宜忌

孕1月

宜

✔ 孕妈妈别忘了补充叶酸，有助于预防胎宝宝神经管缺陷。

✔ 多吃一些富含叶酸的食物，如菠菜、油菜等绿叶蔬菜以及动物肝脏，这些食物有益于胎宝宝神经系统和大脑发育。

✔ 孕妈妈计算好自己的排卵期，在排卵日当天或提前1天同房，可以提高受孕的概率。

✔ 准爸爸注意摄入一些含锌及精氨酸的食物，如豆类和花生、牛肉、鸡肝、葡萄、西红柿等，可以提高精子活力。

✔ 为了避免电磁辐射的危害，孕妈妈要提前为自己准备一件防辐射服，它能对日常生活中遇到的电脑、手机等电磁波辐射起到一定的阻挡作用。

✔ 孕妈妈和胎宝宝之间有着微妙的精神联系，孕妈妈的情绪将影响胎宝宝的发育。从这个月起，努力做一个快乐的孕妈妈。

忌

✘ 工作中靠喝绿茶来提神的习惯恐怕要改一改了，尝试着喝些果蔬汁来补充体力。

✘ 芦荟、螃蟹、甲鱼、薏米等性味寒凉的食物，它们的活血化瘀的作用可能会导致流产，孕妈妈要避免食用。

✘ 如果这个阶段出现类似感冒的症状，孕妈妈不要草率地吃药，因为这可能是胎宝宝到来的征兆。

✘ 怀孕早期，有些孕妈妈会容易犯困、嗜睡，不要以为是工作太累而用咖啡来"激发"身体的动力，而应考虑可能是怀孕，看看最后1次月经来临的时间。

✘ 大约有50%的孕妈妈在受精卵着床时会有轻微出血，常常会被误以为是月经。孕妈妈要警惕这种现象，如果出血量大且持续不断，要及时就诊。

✘ 回想一下近3个月有没有去做腹部和胸部的X线透视，怀孕早期接触X线会引起胎宝宝畸形。

孕 2~3 月

宜

✔ 针对孕吐，孕妈妈可以尝试一些凉拌菜，如拌黄瓜、拌土豆丝等，这样的开胃菜能减少对胃黏膜的刺激。

✔ 由于早晨体内的血糖较低，容易产生恶心、呕吐的感觉，孕妈妈可以先在床上吃点饼干再起床。

✔ 孕妈妈用早孕试纸自测怀孕时，最好在月经迟来 2 周后再做，太早不容易测出来。

✔ 适量的、健康的脂肪对孕妈妈和胎宝宝都是必需的，鸡肉、鱼肉实在吃不下去时，孕妈妈可以吃些核桃、芝麻等以保证脂肪的摄入。

✔ 现在孕妈妈的乳房胀大，腰围也增大，别忘了更换大的文胸和内裤，这样会感觉更舒服一些。

✔ 这个月仍然是危险期，为了及时发现阴道出血，孕妈妈最好穿浅色的内裤，如果发现轻微出血要及时就医。

✔ 孕 3 月，孕妈妈可以选择 1 个合适的医院建档，并做 1 次全面的产前检查，按期产检，以保证妊娠的顺利进行。

忌

✘ 不少孕妈妈在孕早期喜欢吃酸，但不能多吃。孕早期胎宝宝耐酸度低，过量食用加工过的酸味食物会影响胎宝宝发育，容易致畸。

✘ 过敏体质的孕妈妈在孕期要避免食用虾、蟹、贝壳类食物及辛辣刺激性食物，这些过敏食物会妨碍胎宝宝的生长发育。

✘ 孕吐不期而至，这是正常的生理反应，孕妈妈切不可自行用止吐药，这样做会妨碍胎宝宝的生长发育。

✘ 尿频是孕妈妈最常有的症状。平时要适量补充水分，若有尿意，尽量不要憋尿，以免造成尿路感染，加重尿频。也不要因为尿频而不喝水，每天约需喝 8 大杯水以补充水分。

✘ 孕早期性生活易引起流产，妊娠反应也使孕妈妈性欲和性反应减弱，此时准爸爸要充分理解。

✘ 孕妈妈要控制奶制品摄入量，不能既喝孕妇奶粉，又喝牛奶、酸奶，或者吃大量奶酪等，这样会增加肾脏负担，影响肾功能。

✘ 这个阶段是胚胎腭部发育的关键时期，孕妈妈情绪波动过大会影响胚胎，容易导致胎宝宝腭裂或唇裂。所以要调整自己的情绪，千万别因小失大。

孕4月

宜

✔ 胎宝宝恒牙胚在这个月开始发育，孕妈妈及时补钙，会给胎宝宝将来拥有一口好牙打下良好的基础。

✔ 每天喝 500~600 毫升牛奶，多吃鱼类和鸡蛋、芝麻、瘦肉，为胎宝宝骨骼和牙齿的发育提供充足钙质。

✔ 孕妈妈便秘时，可以多吃一些含植物油脂的食物，如芝麻、核桃等，能够帮助通便。

✔ 孕妈妈的汗腺分泌旺盛，应经常擦洗，保持身体干爽，淋浴时要注意防滑。

✔ 多胞胎孕妈妈要比单胎孕妈妈承担更多的责任和风险，所以一定要定期进行产检，发现情况要及时治疗。

✔ 本月孕妈妈胃口大开，饮食上应注意，认真了解各种食物的营养含量，注意饮食均衡，满足胎宝宝的成长需要。

忌

✘ 一些水果的糖分含量很高，孕期饮食中糖分含量过高，容易引发妊娠糖尿病等疾病，所以孕妈妈吃水果要适量。

✘ 植物中的草酸、膳食纤维，茶、牛奶中的蛋白质都会抑制铁质的吸收，孕妈妈补充铁时，注意不要与这些食物搭配食用。

✘ 冷的东西吃多了会引起腹泻，刺激子宫收缩，引起流产。孕妈妈要注意避免。

✘ 孕妈妈尽量不要把手直接浸入冷水中，尤其是在冬、春季节，最好用温水洗手洗脸，孕妈妈着凉、受寒都对胎宝宝不利。

✘ 如果家里有人得了流感，孕妈妈要马上采取隔离措施，并注意室内消毒，可以把醋加热来消毒。

✘ 有习惯性流产史的孕妈妈在整个孕期都要绝对避免性生活，因为性兴奋会诱发子宫强烈收缩。

孕5月

宜

✔ 孕妈妈吃含铁食物如木耳、瘦肉、蛋黄时，与水果、蔬菜等含维生素C的食物一起食用，吸收效果会更好。

✔ 孕妈妈吃海鲜有助于缓解孕期抑郁症，因为海鲜中的脂肪酸等物质会使孕期抑郁症得到缓解。

✔ 孕妈妈嘴馋的时候，别总想着甜点，可以将黄瓜和胡萝卜切成条当零食吃，帮助补充一天的蔬菜量。

✔ 如果乳房胀得难受，孕妈妈可以每天轻柔地按摩，促进乳腺的发育，也可以用热敷的方法来缓解疼痛。

✔ 孕妈妈每次洗澡后，在容易出现妊娠纹的部位擦些维生素油、杏仁油、橄榄油，可以有效预防妊娠纹的出现。

✔ 孕妈妈要在保持良好心态的同时，坚持锻炼，并且可以给胎宝宝进行音乐胎教了。

忌

✘ 孕妈妈可以遵医嘱服用一些适合孕期服用的钙剂，切不可盲目乱补或补钙过量，否则会产生很多难以预见的危害。

✘ 人体呈微碱状态是最适宜的，如果孕妈妈一味偏食大鱼大肉，会使体内趋向酸性，导致胎宝宝大脑发育迟缓，影响智力。

✘ 大麦芽除了能回奶外，还有催生落胎的作用，所以孕妈妈在怀孕期间不可多吃大麦芽。

✘ 有些孕妈妈怕饮食过量影响体形，所以节制饮食，这样容易引起营养不良，会对胎宝宝智力有影响。

✘ 不管以前是否练习过瑜珈，孕妈妈练习瑜伽都必须得到医生的允许，最好在有经验的瑜伽教练指导下进行。

✘ 孕妈妈下身不要用热水烫洗，并避免用肥皂或者高锰酸钾溶液清洗。孕期分泌物增加是正常的，用温水清洗即可。

孕6月

宜

✔ 这时候胎宝宝的视觉和味觉系统已发育成熟，孕妈妈可以尝试各种食物，以培养胎宝宝全方位的口味，避免将来偏食。

✔ 孕妈妈在加餐时可以多吃一些全麦面包、麦麸饼干等点心，可以补充膳食纤维，防治便秘和痔疮。

✔ 孕妈妈可以用适量红薯、南瓜、芋头等代替部分米、面等主食，在提供能量的同时，能补充更多的矿物质。

✔ 孕妈妈最好选择左侧卧位睡眠，以供给胎宝宝较多的血液，这样胎宝宝舒服，孕妈妈也舒服。

✔ 这个月是胎宝宝长肉的时期，孕妈妈可以在不疲劳的前提下多走动，使胎宝宝肌肉坚实有力。

✔ 孕妈妈的阴道分泌物因怀孕而增加，容易引发阴道炎，需经常洗浴及更换内衣。

忌

✘ 补充膳食纤维可以预防便秘，但过多的膳食纤维会降低钙和铁的吸收，所以孕妈妈补充膳食纤维要适度。

✘ 孕期水肿是常见的症状，孕妈妈最好在整个孕期都不要吃过咸的食物，以防加重水肿。

✘ 大料、茴香、花椒、胡椒、辣椒等热性香料具有刺激性，会消耗肠道水分，使肠胃腺体分泌减少，加重孕期便秘，孕妈妈要避免食用。

✘ 孕妈妈每天食用坚果不宜超过 50 克。坚果油性较大，而孕妈妈消化功能相对减弱，过量食用坚果很容易引起消化不良。

✘ 孕妈妈上午可以多喝水，傍晚则要少喝一些，从而减少夜里跑厕所的次数，保持长时间的睡眠。

✘ 孕妈妈要避免留长指甲，因为指甲隐藏着大量细菌，如果不慎抓破皮肤，容易引起感染。

孕7月

宜

✔ 针对容易出现的牙龈出血、牙龈肿胀，孕妈妈可以通过多吃蔬菜和水果，如橘子、梨、番石榴、草莓、苹果等，帮助牙龈恢复健康。

✔ 患妊娠糖尿病的孕妈妈用糙米或五谷饭代替米饭，能延缓血糖的升高，帮助控制血糖。

✔ 孕妈妈多吃一些含胶原蛋白丰富的食物，如猪蹄、羊蹄等，有利于增加皮肤弹性，缓解妊娠纹。

✔ 习惯素食的孕妈妈，豆制品是再好不过的健康食物了。它可以提供孕期所需的很多营养，尤其是优质的蛋白质。

✔ 还在工作的孕妈妈，最好提前了解请产假的程序并安排好工作的交接，万一早产，可以放心离开工作岗位。

✔ 怀孕 28 周起，孕妈妈就要在家里数胎动了，根据胎动的规律观察胎宝宝的情况。

忌

✘ 孕妈妈千万不能为了减轻水肿，自行使用利尿剂，否则会引起胎宝宝心律失常、新生儿黄疸等，危害胎宝宝的健康。

✘ 喝牛奶可以补充钙质，但孕妈妈千万不要把牛奶当水喝，大量饮用会使蛋白质摄入增加，加重肾脏的负担。

✘ 吃完葡萄不能立即喝水或者牛奶，否则容易引起腹泻，最好在 30 分钟以后再喝。

✘ 孕妈妈尽量避免使用吹风机，吹风机吹出的热风含有微量的石棉纤维，会危害胎宝宝健康。

✘ 孕妈妈坐着时不要翘腿，不要压迫大腿内侧；也不要久站久坐，否则会加重孕期静脉曲张。

✘ 孕妈妈在走路时要尽量挺直腰背，不要挺着肚子走路，这样会使腰痛加剧。

孕8月

宜

✔ 随着胎宝宝的长大，子宫挤压胃部，孕妈妈会觉得胃口不好，这时可以少吃多餐，多吃一些养胃、易于消化吸收的粥和汤羹。

✔ 从现在到分娩，孕妈妈最好多吃些豆类和谷类食物，可以满足孕妈妈和胎宝宝这阶段对营养的需要。

✔ 每天进食 5~7 餐，每餐进食量减少，睡前喝 1 杯牛奶，可以缓解孕晚期因胎宝宝压迫而产生的胃部疼痛。

✔ 将黑芝麻、核桃仁磨碎了放在锅里炒，加白糖搅拌均匀，每天早晚各 1 勺，对孕妈妈和胎宝宝的眼睛都有好处。

✔ 这时是胎宝宝皮肤形成的时期，孕妈妈要常常保持心平气和的状态，饮食忌热，让胎宝宝皮肤健康有光泽。

✔ 准爸爸通过直接参与孕期检查，对孕妈妈的情绪波动及时加以开导，将有助于减少孕期抑郁症的发生。

忌

✘ 现在，孕妈妈要少吃淀粉和脂肪类食物，多吃蛋白质、维生素含量高的食物，以免胎宝宝长得过大，造成分娩困难。

✘ 为了避免体重增加过度，孕妈妈还是戒了饼干、糖果、炸土豆条等热量比较高的零食吧。

✘ 民间有去胎火、解胎毒的说法，于是孕妈妈擅自服用消炎解毒丸等给胎宝宝"排毒"，孰不知，这些中成药有导致流产的可能。

✘ 孕期失眠不适合用催眠药物。它不仅会使孕妈妈产生药物依赖，还会使胎宝宝及出生后的婴儿出现松软婴儿症，十分危险。

✘ 孕妈妈体重增加过缓也不是好事，这说明孕妈妈的营养状况欠佳，而且有可能导致胎宝宝发育迟滞。

✘ 因为行动不便，孕妈妈更多的时候待在家里，但别把时间都用来看电视和上网，保持生活的规律性对孕妈妈和胎宝宝都很有好处。

孕 9~10 月

宜

✔ 胎宝宝体内的钙有一半是在最后 2 个月储存的，所以在这最后的时刻，孕妈妈要保证补充足够的钙。

✔ 由于现在孕妈妈胃部容纳食物的空间不多，所以不要一次性地大量饮水，以免影响进食。

✔ 随着腹部不断变大，消化功能继续减退，更容易引起便秘。所以，孕妈妈要多吃些薯类及富含膳食纤维的蔬菜。

✔ 沉重的身体加重了腿部肌肉的负担，孕妈妈睡觉前可以按摩腿部或将脚垫高，有利于减少腿部抽筋和疼痛。

✔ 在临近预产期的前几天，孕妈妈要适当吃一些热量比较高的食物，为分娩储备足够的能量。

✔ 新生儿极易缺乏维生素 K，所以孕晚期，孕妈妈可以多吃一些菜花、紫甘蓝、麦片和全麦面包来帮助宝宝获得维生素 K。

✔ 为了保证宝宝出生后的营养供应，不爱喝汤的孕妈妈也要喝一些能催奶的汤。

✔ 由于有早产可能，所以要做好一切准备，包括去医院要带的物品，如外衣、喂奶大罩衫、内衣、内裤、卫生巾、拖鞋等。

忌

✘ 尿频严重时会影响孕妈妈的睡眠质量，所以孕妈妈临睡前尽量不要喝过多的水或汤。

✘ 胎宝宝的肝脏以每天 5 毫克的速度储存铁。如果此时铁摄入不足，会影响胎宝宝体内铁的存储，出生后容易患缺铁性贫血。

✘ 孕妈妈的子宫已经下降，子宫口逐渐张开。如果这时进行性生活，羊水感染的可能性较大，可能会造成胎膜早破和早产。

✘ 由于桂圆会抑制子宫收缩，加长分娩时间，还有可能促使产后出血，所以分娩时不宜吃。

✘ 分娩时不宜多吃鸡蛋，因为鸡蛋不易消化吸收，会增加肠胃负担，还会引起腹胀、呕吐等，反而不利于分娩。

✘ 孕妈妈吃不好、睡不好、紧张焦虑，容易导致疲劳，可能引起宫缩乏力、难产、产后出血等危险情况。

✘ 因为随时都有临产可能，孕妈妈要避免一个人在外面走得太远，最多在家附近买菜或散步。

目录

孕 2 月
开始生根发芽

孕 3 月
需要精心呵护的小秧苗

孕4月
阳光雨露下茁壮成长

孕5月
猛长期开始啦

孕 6 月
营养越丰富，扎根越深

孕 7 月
枝繁叶茂，再大风雨也不怕

孕8月
储备能量，蓄势待发

孕9月
一派欣欣向荣的丰收景象

孕10月
瓜熟蒂落啦

附录
孕期常见不适调理方案

备孕
肥沃的土地，
孕育新的希望

当你决定要一个宝宝的时候，你是否已经进行了全面的考虑，做好了充分的准备？你可知道，宝宝的健康与智力，往往从成为受精卵的那一刻起就已经决定了。因此，孕前的合理营养对于保证优生优育以及妈妈的健康非常重要。所以，从决定要宝宝的那一刻起就开始养成良好的饮食习惯吧，不仅为自己的健康，也为宝宝创造一个良好的营养环境。

想当妈妈这样吃

要想顺利当妈妈，想要一个聪明、健康的宝宝，需要备孕女性提前做一些准备，特别是营养的摄取和储备。备孕期间储备营养，一则可以满足宝宝到来时短时间内发生的营养需求量的增加；二则可以在孕早期发生呕吐不能进食时，动用储备而不致影响胎宝宝的发育。

10 大暖宫食物助"好孕"

温暖的子宫是胎宝宝发育的温床。想要快速健康地怀上宝宝，备孕女性首先要把子宫养好，给未来的宝宝创造一个良好的环境。因此，备孕期间可以常吃这 10 种暖宫食物，有助于顺利当上妈妈。

黑豆　黑豆可以促进卵泡发育，补充雌激素，因为黑豆有双向调节作用，女性体内激素少的时候，黑豆可以帮助补充激素，而当体内激素多的时候，黑豆就可以帮助滋养出优秀的卵子，所以黑豆让子宫内膜增厚，有助于怀孕。

阿胶　阿胶有助于促进血中红细胞和血红蛋白的生成，还能促进钙的吸收，可滋阴补血调经，营造健康的受孕环境。自古就有女性怀孕前进补阿胶来暖宫的习俗。

红豆　中医认为，红豆性平味甘酸，无毒，有滋补强壮、健脾养胃、利水除湿、行气补血的作用，其温热身体的效果较好，非常适合暖身驱寒气。

当归　当归有补血活血、调经止痛、润肠通便的功效，被誉为"血中圣药"。临床常用于治疗女性月经病，例如痛经、月经不调等。

红花　红花性温，味辛，活血通经、去瘀止痛。备孕女性常吃红花可疏散瘀血、温暖子宫，对宫寒症状有很好的缓解作用。做法：取鸡蛋 1 枚，敲开一个口，放入红花 1.5 克，搅匀蒸熟即成。月经来潮第 2 天开始每天早晨吃 1 个，连吃 9 天。

桑葚　桑葚被誉为"补血果"，含铁丰富，每 100 克含铁 42.5 毫克。桑葚不仅补血，还可保护女性子宫，暖宫暖胃。

黑枣　黑枣富含铁，能补血养血，有益于肾脏，特别适合气血不足的女性食用，可以帮助补气养血、暖肠胃。

益母草　益母草有活血调经、利水消肿的作用，对女性调经、治疗宫寒、消肿都有明显的作用。女性在月经期间出现的宫寒、痛经、月经不调、闭经等症，都可以使用益母草。

枸杞子　枸杞子可以养肝、滋肾，而宫寒主要是指女性肾阳不足，因此枸杞子可以起到暖宫的效果。

桂圆肉　桂圆肉可补血安神、养阴防燥、增补元气，是备孕女性生活中滋养补益的重要食物，一般煲汤、煮粥为宜。

备孕女性需要储备的营养

叶酸：叶酸的摄入在整个孕期都非常重要，尤其是孕前和孕早期。缺乏叶酸可导致胎宝宝神经管异常。

钙：在孕期，孕妈妈体内的钙会转移到胎宝宝身上，钙缺乏会影响胎宝宝乳牙、恒牙的钙化和骨骼的发育，宝宝出生后易出现佝偻症，也会导致孕妈妈出现小腿抽筋、疲乏、倦怠，产后出现骨软化、牙齿疏松或牙齿脱落等现象。

锌：在生命活动过程中起着转运物质和交换能量的作用，故被誉为"生命的齿轮"。它是整个孕期每时每刻都要注意补充的营养素，对胎宝宝和孕妈妈自身都至关重要。想拥有光滑、富有弹性的皮肤，预防或减少妊娠纹，也需要增加锌的摄入。

孕前 3 个月开始调理饮食

由于个体之间的差异，不同体质的女性在孕前的营养补充、饮食调理、开始时间等问题上，应有所不同。

体质及营养状况一般的女性，在孕前 3 个月至半年就要开始注意饮食调理，每天要摄入足量的优质蛋白质、维生素、矿物质和适量脂肪，因为这些营养素是胎宝宝生长发育的物质基础。

对身体瘦弱、营养状况较差的女性而言，孕前饮食调理更为重要。这类女性最好在怀孕前 1 年左右就注意上述问题。除营养要足够外，这类女性还应注意营养全面，不偏食，搭配合理，讲究烹调技术，还要多注意调换口味。

另外，饮食调理要循序渐进，不可急于求成。只有这样，女性的孕前营养才能达到较佳状态。

▶备孕女性营养储备要趁早

备孕女性宜提前 3 个月开始营养储备。孕前储备足够的营养，不但可以保证卵子的质量，还可以减少妊娠反应对身体造成的营养损失，为早期胚胎正常发育打下充足的物质基础。

备孕女性应每天注意补充新鲜蔬菜、水果、鸡蛋、牛奶、瘦肉等多种营养，为将来胎宝宝的发育提供一个良好的环境。

绿叶蔬菜中含有丰富的叶酸，而叶酸过度受热会被破坏掉，烹制中为了减少叶酸的流失，可以先洗后切，急火快炒 3~5 分钟即可。

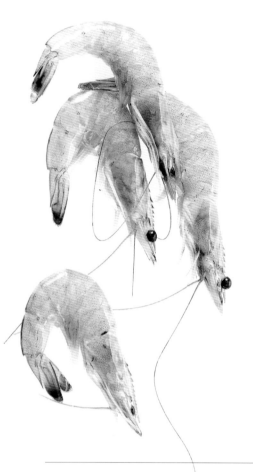

虾属于寒凉阴性类食物，备孕女性吃虾时，最好与姜、醋等佐料共同食物。姜性热，与虾共食可以寒热中和，防止身体不适，而醋对于海虾中残留的有害细菌也能起到一定的杀除作用。

戒烟戒酒

吸烟的父母，应该提前戒烟，至少提前 3 个月乃至半年，并且孕期也不要吸烟。孕妈妈吸烟或被动吸烟对母体的血红蛋白含量和胎宝宝的体重均有影响，可使末梢血管收缩，不能充分供应和交换氧气，引起胎宝宝缺氧，造成流产、早产和死胎，或造成胎宝宝发育迟缓、智力低下，孕早期还可造成胎宝宝畸形和发育不全。而男性饮酒，精子会受酒精影响而质量降低。饮酒过度会造成机体酒精中毒，使精子发生形态和活动的改变，甚至会杀死精子，从而影响受孕和胚胎发育。

提前 3 个月开始补充叶酸

孕前补叶酸，可预防胎宝宝神经管畸形，并降低胎宝宝眼、口唇、心血管、肾、骨骼等的畸形率。孕前每天应摄入 400 微克的叶酸，孕期每天应摄入 600 微克。动物肝脏、绿叶蔬菜、豆制品、坚果中含有丰富的叶酸。也可以在医生的指导下服用叶酸增补剂。

适当补碘

碘堪称"智力营养素"，孕前补碘比怀孕期补碘对胎宝宝脑发育的促进作用更为显著。备孕女性可以通过检测尿碘水平来判断身体是否缺碘。孕期碘的摄入量应为每天 200 微克。海产品普遍含碘量较高，经常食用海带、紫菜、鱼虾等，可避免缺碘。

养成良好的饮食习惯

备孕女性要养成良好的饮食习惯，防止过饥过饱，防止偏食、挑食、暴饮暴食，合理安排一日三餐，饥饱适中。不宜长期食用素食。因为长期食用素食会影响女性体内性激素分泌，出现排卵停止，或月经周期间隔变短等症状，久而久之会造成不孕。

不可长期大量服用叶酸

虽然备孕女性需要补充叶酸，但也并非补得越多越好。如果过多会影响其他维生素和微量元素的吸收，甚至导致胎宝宝某些进行性的、未知的神经损害的危险增加。正常情况下，每天叶酸最低需求量为 50 微克，孕妈妈为 400 微克，一般孕妈妈服用的叶酸增补剂 1 片的含量即为 400 微克。

不要过多饮用咖啡

咖啡因作为一种有兴奋作用的食物成分，会在一定程度上影响受精卵在子宫内的着床和发育。所以，备孕女性不要过多饮用咖啡、茶及其他含咖啡因的饮料。想在短时间内完全戒掉嗜咖啡的习惯很困难，可以逐渐减少摄取的量和饮用次数，然后慢慢戒掉。

不吃高糖食物

怀孕前，夫妻双方尤其女方，若经常食用高糖食物，可能引起糖代谢紊乱，甚至成为潜在的糖尿病患者；怀孕后，由于胎宝宝的需要，孕妈妈糖摄入量增加或继续维持怀孕前的饮食结构，极易出现妊娠糖尿病。妊娠糖尿病不仅危害孕妈妈自身的健康，而且也会危及体内胎宝宝的健康发育和成长，并易出现早产、流产等。因此，准备怀孕的女性应减少糖的摄入。

不要过多食用有化学添加剂的食物

现代人的生活离不开各种各样含有化学添加剂的食物，对孕妈妈来说，要从准备怀孕开始就远离化学添加剂。例如腌肉、熏鱼、香肠中都含有亚硝胺，这种化学物质能使孕妈妈体内血液的含氧量降低，出现头晕、发热、腹痛等症状，最可怕的是能够导致胚胎畸变。很多看起来颜色非常漂亮的甜味饮料中往往添加了大量的色素、甜味剂、防腐剂，如果经常饮用这些饮料会损伤人体肝脏和神经系统，对孕妈妈和胎宝宝的危害尤其大。因此，在备孕期间应该远离这些含有化学添加剂的食物。

这些看起来色彩诱人的零食，大都含有色素、香精、甜味剂、防腐剂等添加剂，长期食用既没营养又损害健康，备孕女性要远离。

称职爸爸这样吃

不仅是备孕女性需要提前做一些准备，备育男性也要在饮食方面有针对性，经常吃有利于获得高质量精子的食物，为孕育一个聪明、健康的宝宝迈出漂亮的第一步。

养"精"蓄锐吃什么

增加维生素 C 的含量可以增加精子数量和精子活力。

维生素 E 又称生育酚，如果它和必需的脂肪有所缺乏，会造成生殖细胞的损坏，从而导致不育症的发生。

维生素 A 是生成雄性激素所必需的物质。

缺锌的男性有很大程度的阳痿和不孕现象。维生素 A 的含量取决于肝脏释放锌的含量。在目前已知的所有影响男性生育能力的营养素中，锌的研究可谓很透彻。锌在男子性腺和精子中的浓度非常高，对于精子的外层和尾部的形成起重要作用。锌缺乏的症状表现为性成熟较晚、性器官较小以及丧失生育能力。补充充足的锌，这些问题就会得到改善。

不可过量服用维生素 A

一般来说，正常成年男性，每天需要供给维生素A 2200 国际单位。备育男性可以通过食物来补充维生素 A，如动物肝脏、乳制品、蛋黄、菠菜、胡萝卜、西红柿、鱼肝油等。

需要注意的是，过量服用维生素A，可能会引起中毒，如需服用维生素 A 药剂，应遵医嘱服用。

维生素 C	橘类水果及其果汁、草莓、猕猴桃、木瓜，绿色蔬菜、菜花、西蓝花、土豆
维生素 E	又称生育酚。植物油，如麦胚油、玉米油、葵花子油、花生油、豆油；深绿色蔬菜、坚果、豆类、全谷类、肉、奶油、蛋类
维生素 A	鱼油、动物肝脏、奶制品、蛋黄、黄色及红色水果、红黄绿色蔬菜
锌	牡蛎中含量最为丰富，海蛎肉、小麦胚粉、山核桃、蚌肉、乌梅、芝麻、猪肝、牛奶含锌量也很丰富。豆类中的黄豆、绿豆、蚕豆等；坚果中的腰果、开心果、花生

没看错，备育男性也要补叶酸

都知道女性备孕期间要补充叶酸，却往往忽视了备育男性同样需要补充叶酸。

一个健康男性的精子中，有4%的精子染色体异常，而精子染色体异常可能会导致不育、流产以及婴儿先天性愚型。男性多吃富含叶酸的食物可降低染色体异常精子的比例。有研究表明，每天摄入充足叶酸的男性，其精子染色体异常的比例明显低于叶酸摄入量低的男性。

形成精子的周期长达3个月，所以备育男性最好提前3个月开始补充，可每天补充0.4微克叶酸。

不宜过度追求壮阳食物

性能力与生育有关，但并不需要无止境地追求。性功能正常者没有必要去壮阳，性功能障碍者应在医生指导下服药或食疗。

切忌随意服用各种性保健品。这些所谓的无任何副作用的保健品，大部分都含有助阳药，经常服用容易导致机体受损，重则引起睾丸萎缩、前列腺肥大、垂

备孕男性多吃新鲜的蔬菜水果有益身体健康。

体分泌失调等严重后果。此外，常用助阳药物所孕育的胎宝宝，先天不足或畸形的可能性较大。

荞麦、燕麦、花生、腰果、核桃、绿色蔬菜、大蒜、人参、大豆等食物中富含精氨酸，可改善血液循环，对改善男性的性功能有好处，可以适当多吃。

尽量避免喝碳酸饮料

有研究表明，大量喝碳酸饮料可能会影响男性精子的质量，因此，打算要宝宝的男性应避免喝可乐等碳酸饮料。

要多吃蔬果

水果蔬菜中含有的大量维生素是男性生殖生理活动所必需的，每天吃适量的蔬菜和水果，有利于增强性功能，减慢性功能衰退，有利于精子的生成，提高精子的活性，延缓衰老。如果缺乏这些维生素，可造成生精障碍。

此外，多吃水果、蔬菜，少吃一些肉，尤其是脂肪含量高的肥肉，有利于保持理想体重，进而利于睾丸激素水平的稳定。

备孕夫妻营养食谱推荐

优质的精子和卵子的产生与饮食息息相关，所以备孕夫妻要科学、合理地摄取食物，以保证身体的健康与活力。

芋头粥

早餐

主要原料：芋头 1 个，大米半碗，盐适量。

做法：① 芋头洗净，去皮，切块。② 与大米一同入锅煮粥，煮熟后加盐调味即可。

● 营养功效：芋头富含蛋白质、钙、磷、铁、钾、镁、维生素 C 等多种成分，能增强人体的免疫功能，适合备孕期间食用。

棒骨海带汤

午餐

主要原料：海带 300 克，猪棒骨 1 根，香菜碎、葱段、姜片、大料、醋、盐各适量。

做法：① 海带洗净切丝或条。② 猪棒骨用开水焯一下，再放入热水锅中，和葱段、姜片、大料一起煮。③ 猪棒骨六成熟时放海带下锅，中途加入适量醋。④ 起锅前放盐，撒上香菜碎。

● 营养功效：猪棒骨在冷水中逐渐加热，能使蛋白质、脂肪逐渐溶于汤中。中途加冷水会遏制蛋白质、脂肪的溶出，而醋能使骨头中的钙质溶出。

洋葱汤

晚餐

主要原料：鲜牛奶 1 袋（250 毫升），洋葱半个，橄榄油、盐各适量。

做法：① 洋葱去蒂切丝，用橄榄油炒香。② 加水，用小火慢慢熬出洋葱本身的甜味。③ 待洋葱软烂后，加入鲜牛奶煮沸，加盐调味即可。

● 营养功效：洋葱和橄榄油都是健康食物，能改善和调节身体各系统功能，可将备孕女性的身体调整至最佳状态。

注：早、中、晚餐的搭配要左右页一起看，一般左页为主食类，右页为配菜类，或者左页荤菜、右页素菜。

菱角炒肉

主要原料：猪里脊肉 100 克，鲜菱角 4 只，水淀粉、盐、葱花、料酒各适量。

做法：① 菱角切片，猪里脊肉切片，用料酒、盐、水淀粉上浆稍微腌一下。② 坐油锅，油温六成热投入里脊肉片炒匀出锅，锅留底油放入菱角片稍炒，再下里脊肉片、料酒、盐炒匀，最后用水淀粉勾芡，撒上葱花即可。

● **营养功效：**菱角益气健脾，可补人体后天之本，增强人体对营养物质的消化吸收能力，怀孕前食用，有益于优生。

三丁豆腐羹

主要原料：豆腐 100 克，鸡胸肉、豌豆各 50 克，西红柿半个，盐、香油各适量。

做法：① 豆腐切成块，在开水中煮 1 分钟。② 鸡胸肉洗净，切丁；西红柿洗净，去皮，切小丁。③ 将豆腐块、鸡胸肉丁、西红柿丁、豌豆放入锅中，大火煮沸后，转小火煮 20 分钟。④ 出锅时加入盐，淋上香油即可。

● **营养功效：**此汤羹含丰富的蛋白质、钙、锌和维生素 C，营养丰富，备孕期间可常吃。

清炒猪血

主要原料：猪血 150 克（约半碗），姜丝、料酒、盐各适量。

做法：① 猪血切成大块，放入开水锅中焯一下，捞出沥干水分，切小块。② 锅内放油烧至七成热，下猪血及料酒、姜丝、盐翻炒片刻即可。

● **营养功效：**中医认为吃猪血可补充人体之阴血。备孕女性应多吃些能够补血的食物，以预防孕期贫血对胎宝宝的不利影响。

早餐

羊肉山药汤

主要原料: 羊肉 300 克, 山药段 100 克, 料酒、葱段、姜片、盐各适量。

做法: ① 羊肉洗净, 切大块, 入沸水中焯烫去血水。② 羊肉、山药放入锅内, 加适量水及葱段、姜片、料酒, 烧沸撇去浮沫后用小火炖至羊肉酥烂, 最后用盐调味即可。

● **营养功效:** 此汤浓郁香醇, 口感极佳。备育男性食用具有温补肾阳、通便、强身的作用。

午餐

银耳鹌鹑蛋

主要原料: 银耳 15 克, 鹌鹑蛋 4 个, 冰糖适量。

做法: ① 将银耳泡发, 放入碗中加清水上锅蒸熟; 将鹌鹑蛋煮熟剥壳。② 砂锅中放入冰糖和水, 煮开后, 放入银耳、鹌鹑蛋, 稍煮即可。

● **营养功效:** 银耳中富含多糖类、维生素和微量元素, 对身体十分有益, 特别是对于备育男性来说, 是养精蓄锐的补养佳品。

晚餐

牡蛎大米粥

主要原料: 牡蛎 4 只, 大米 150 克, 姜丝、酱油、盐各适量。

做法: ① 大米淘净, 加适量水, 煮成粥。② 牡蛎在盐水中泡 20 分钟, 洗净, 倒入粥锅, 加酱油、姜丝、盐调匀, 用小火将牡蛎煮熟即可。

● **营养功效:** 牡蛎富含锌、维生素 E 等营养成分, 而且容易被人体消化吸收, 备育男性缺锌导致的精子减少情况可通过食用牡蛎得到改善。

胡萝卜牛肉丝

主要原料： 牛肉50克，胡萝卜丝80克，酱油、盐、水淀粉、葱花、姜末各适量。

做法： ①牛肉切丝，用葱花、姜末、水淀粉、酱油腌10分钟。②将腌好的牛肉丝入油锅迅速翻炒，然后盛出。③胡萝卜丝放入锅内炒至熟后，放入牛肉丝一起炒匀，调入盐即可。

● **营养功效：** 胡萝卜有利于人体生成维生素A，牛肉中B族维生素含量丰富，此菜可以提高备育男性的抗病能力，提高精子的质量。

炒腰花

主要原料： 猪腰150克（约半碗），青椒块、料酒、白糖、水淀粉、酱油、醋、葱末、姜末、盐各适量。

做法： ①猪腰洗净去膜，切成两半，将中间的腰腺片去掉，再切成条，裹上水淀粉。②油烧热，将腰条一块块下入油锅，避免粘连，待油九成热时，小火炸2分钟，捞出控油。③用酱油、料酒、醋、白糖、盐、葱末、姜末加少许水淀粉兑成芡汁。④坐锅放油，油热时放入芡汁，汁稠时倒入腰花、青椒块，翻炒两下盛出即可。

● **营养功效：** 此菜肴外焦里嫩、味道鲜美，腰花补肾气，强腰膝，适合备育男性食用。

芹菜拌花生

主要原料： 花生仁100克，芹菜70克，盐、香油各适量。

做法： ①把花生仁洗净、泡胀、煮熟。②芹菜洗净，切小段，焯烫至熟。③把芹菜、花生仁放入碗内，加入盐、香油，拌匀即可。

● **营养功效：** 芹菜营养十分丰富，含有植物蛋白、胡萝卜素，其富含的锌、钙等矿物质对改善身体内环境十分有益。

孕 1 月
一粒种子落在土壤中

现在，孕妈妈自己可能感觉不到什么变化，因为还不到下一次的月经，所以很少有人会知道自己已经怀孕，但是到了本月第 3 周时，胎儿就会在你的子宫内安营扎寨、悄悄发育了。孕 1 月，孕妈妈的饮食结构与孕前相比，不需要做什么新的调整，要做的就是制订一个详细的怀孕计划，同时要注意加强营养，摄入高质量的蛋白类食物、含叶酸的水果和蔬菜，保持正常运动和休息，这对胎宝宝的发育是非常有利的。

本月胎宝宝发育所需营养素

孕1月的后半个月，胎宝宝可能悄悄地在孕妈妈的子宫里安营扎寨了，孕妈妈可能察觉不到，但是，胎宝宝已经在子宫里发生了很大的变化，以惊人的速度成长发育。孕妈妈饮食上应多加注意，继续备孕期间的饮食，同时注意重点补充蛋白质、维生素、卵磷脂、叶酸和锌等。

营养大本营

这个阶段，胎宝宝将从无到有，以让人吃惊的速度成长着。在短短的几周时间内，他会形成基本的细胞结构，身体所有的部分都将初具规模。因此，孕妈妈吃好、吃对，是胎宝宝健康成长的先决条件之一。孕妈妈应适当多摄取一些富含维生素、卵磷脂、蛋白质的食物，同时注意一些饮食宜忌，趋利避害，让胚胎在舒适的环境下着床。

维生素 E 维生素 E 有抗氧化作用，能保护红细胞及其他易氧化的物质不被氧化，从而保证各组织器官的供氧。如果孕妈妈缺乏维生素 E，则容易引起胎动不安或流产后不易再怀孕，还可致毛发脱落、皮肤早衰多皱等。因此，孕妈妈要多吃一些富含维生素 E 的食物。

叶酸 叶酸是胎宝宝神经发育的关键营养素，它是蛋白质和核酸合成的必需因子，血红蛋白、红细胞、白细胞快速增生，氨基酸代谢，大脑中长链脂肪酸的代谢都少不了它。而孕早期是胎宝宝中枢神经系统生长发育的关键期，脑细胞增殖迅速，最易受到致畸因素的影响。如果在此关键期补充叶酸，可以使胎宝宝患神经管畸形的危险性降低。

若怀孕时缺乏叶酸，容易造成胎儿神经管缺陷，增加唇裂（兔唇）发生的概率。所以，在孕前和孕早期，孕妈妈要注意摄入足量的叶酸。叶酸药剂补充一般要到怀孕后 3 个月，但是孕妈妈也要注意日常饮食中叶酸的摄入。

吃什么都没胃口

吃什么都没胃口了，
不想看到油腻腻的菜，
以前非常喜欢的现在不喜欢吃了，
反而喜欢吃以前不爱吃的，
这些悄悄发生的改变在向你暗示什么呢？

· 如果你一直在备孕，那么当出现这些症状时，就需要提高警惕，因为这些味蕾的变化很可能意味着你已经做妈妈了。赶快确认一下吧。

· 身为一个孕妈妈，从现在开始要少吃多餐，细嚼慢咽，每一口食物的量要尽量少，并充分咀嚼。

蛋白质是本月明星营养素

孕早期，孕妈妈体内的胚胎细胞的分裂将保持着惊人的速度。因此，要特别注意加强营养，给胎宝宝的脑细胞和神经系统一个良好的成长环境。特别需要提醒孕妈妈的是，此阶段需摄入足够多的蛋白质，因为蛋白质供给不足，可能影响胎宝宝中枢神经系统的发育。应选用容易消化、吸收、利用的优质蛋白质，例如畜禽肉类、乳类、蛋类、鱼类、豆制品等。

妈妈宝宝营养情况速查

怀孕第 1 个月的营养素需求与孕前没有太大变化，如果孕前的饮食很规律，现在只要保持就可以了。

维生素 E

植物油
如玉米油、葵花子油、花生油等
（每周 7 次）

维生素 B₆

花生
花生带红衣吃
（每周 3~5 次）

动物肝脏
每次不宜超过 50 克
（每周 1 次）

卵磷脂

蘑菇
最好现买现吃
（每周 1 次）

芝麻
磨豆浆时放一些
（每周 3 次）

鱼头
可与豆腐同炖
（每周 1 次）

木耳
不要吃新鲜木耳
（每周一两次）

叶酸

香椿
香椿不宜生吃
（每周 1 次）

生菜
可凉拌吃
（每周 1~3 次）

香蕉
空腹不要吃
（每周 3~5 次）

菜花
菜花要用盐水洗
（每周 1~3 次）

橘子
每天最多吃 1 个
（每周 3 次）

蛋白质

奶酪
奶酪不要经常吃
（每周 1 次）

豆腐
可做汤
（每周一两次）

鳕鱼
清蒸或香煎
（每周 1 次）

鸡蛋
煮鸡蛋营养高
（每天 1 个）

黄豆
做粥或炖汤
（每周 2 次）

排骨
可做汤
（每周 1 次）

孕1月饮食原则和重点

胎宝宝在"沃土"上生根发芽，才能茁壮成长。所以在前半个月，胎宝宝还未到来之时，孕妈妈就要注意自己的饮食了。孕妈妈要做的就是注意营养均衡，增强自己的抵抗力，让自己身体棒棒的，为胎宝宝的健康打下坚实的基础。

吃得多不如吃得好

怀孕后，许多孕妈妈开始大量增加营养，希望"一人吃，两人补"，让宝宝长得更快。其实孕早期，胎宝宝生长速度比较缓慢，需要的热量和营养物质也比较少，不需要特殊的补给。

但这并不意味着饮食可以随心所欲，因为此时胎儿器官、内脏正处于分化形成阶段，而且怀孕初期，孕妈妈往往容易发生轻度的恶心、呕吐、食欲缺乏、厌油、胃灼热、疲倦等妊娠反应，这些反应会影响孕妈妈的正常进食，进而妨碍营养物质的消化、吸收。

因此，这个阶段的饮食应重质量，以高蛋白、营养全、少油腻、易消化吸收为原则。一日可少吃多餐，常食瘦肉、豆浆、面条、牛奶，以及鱼类、蛋类、新鲜蔬菜和水果。

均衡饮食

多种营养素在一起有协同作用，某种营养素的单独作用恐怕力不从心。而人体结构本身又决定孕妈妈必须多种类摄取。挑食不能挑营养，所以了解食材，在同等营养情况下选择自己喜欢吃的。

感觉自己进食单一怎么办

由于惯性思维的影响，孕妈妈的饮食也会形成惯性，习惯吃某些食物后，会在这些食物之间来回变换口味，长此以往，会造成营养素的缺乏。孕妈妈可以自制一个饮食表，把每天吃到的东西记下来，以督促自己经常变换食物品种。

正餐间孕妈妈饿了，可以吃一些饼干补充能量。饼干最好选择含有蔬菜、咸味和甜味较淡、油脂含量少的，而且要少吃。

孕 1 月饮食宜忌

得知怀孕的好消息后，家里长辈都会给孕妈妈大补特补，认为这样可以让母子更健康。调查也显示，超过 66% 的孕妈妈营养十分充足，甚至达到"过剩"状态。专家提醒：孕期营养并非越多越好。

✅ 宜适量补充水分

经过调查，孕期最容易被忽视的营养素，一是水，二是新鲜的空气，三是阳光。

除了必要的食物营养之外，孕妈妈还需要水。水占人体体重的 60%，是体液的主要成分，水具有调节体内各组织及维持正常的物质代谢的功能。饮水不足不仅会让人产生干渴的感觉，还会影响体液的电解质平衡和营养的运送。所以孕妈妈要养成喝水的习惯。但是孕妈妈饮水不宜过多，每天 1~1.5 升水为宜。如果摄入过多，无法及时排出，多余的水分潴留在体内，会引起或者加重水肿。孕妈妈可以根据季节和身体状况调节摄入水量，一般每天不宜超过 2 升。孕晚期尤其要控制饮水量。

✅ 宜多吃富含叶酸的食物

孕妈妈补充叶酸可以有效防止胎儿神经管畸形，还可降低胎儿眼、口、唇、腭、胃肠道等器官的畸形率。但女性在服用叶酸后，要经过 4 周以上的时间，体内叶酸缺乏的状态才能得以纠正。因此不仅要在计划怀孕的前 3 个月就开始补充叶酸，而且要在怀孕后的前 3 个月敏感期坚持补充叶酸才能起到较好的预防效果。除了补充叶酸增补剂之外，孕妈妈还应多食用富含叶酸的食物。

孕前没有及时补充叶酸怎么办

当然，如果你还没有意识到就已经怀孕了，或者没有及时去产检从而错过了补充叶酸的关键期，不用懊悔，不必担心宝宝就此会发育不良，因为并不是每一个人都缺乏叶酸。据统计，我国约 30% 的孕妈妈缺乏叶酸，大多是因为饮食习惯的影响，多在偏远的山区。

蔬菜中的叶酸成分很容易流失。为使叶酸得到最大程度的利用，买回来的新鲜蔬菜不宜久放，煮菜时应水开后再放菜，而且不宜烹煮得过烂。

✔ 宜适量吃苹果

孕妈妈在孕早期妊娠反应比较严重，口味比较挑剔。这时候不妨吃个苹果，不仅可以生津止渴、健脾益胃，还可以有效缓解孕吐。研究表明，苹果还有缓解不良情绪的作用，对遭受孕吐折磨、心情糟糕的孕妈妈有安心静气的作用。此外，美国的一项新研究发现，吃苹果可以促进乙酰胆碱的产生，该物质有助于神经细胞相互传递信息，增强胎儿记忆力。孕妈妈吃时要细嚼慢咽，或将其榨汁饮用。

草莓因其酸甜的味道和含丰富的维生素 C 而受到孕妈妈的喜爱。不过，草莓要吃当季的，塑料大棚种植的草莓会含有一定的激素，对胎宝宝不利。

✔ 宜每天 1 杯牛奶

孕妈妈孕期要补钙，一方面是满足自身需要，一方面是源源不断地为胎宝宝的生长发育输入营养。孕妈妈补钙的最好方法是喝牛奶。每 100 毫升牛奶中约含有 100 毫克钙，不但其中的钙最容易被吸收，而且磷、钾、镁等多种矿物质和氨基酸的比例也十分合理。每天喝 200~400 毫升牛奶，就能保证钙等矿物质的摄入。

✔ 宜吃些含碘食物

人体内碘含量极低，但却是各个系统特别是神经系统发育所不可缺少的。孕期缺碘会造成胎儿大脑发育障碍，同时还影响其智力发育。所以孕早期饮食中应适当摄取一些含碘丰富的食物，如海带、紫菜等。

✘ 不宜食用人参、蜂王浆

人参、蜂王浆等滋补品含有较多的激素，孕妈妈滥用这些补品会干扰胎宝宝的生长发育，而且补品吃得过多会影响正常饮食营养的摄取和吸收，引起人体整个内分泌系统的紊乱和功能失调。

✘ 不宜多吃酸性食物

孕早期，孕妈妈常会出现恶心、呕吐等妊娠反应。不少孕妈妈常用酸性食物来缓解孕期呕吐，但一定要注意不宜多吃。因为孕早期胎宝宝耐酸度低，若母体摄入过量的加工过的酸味食物，会影响胚胎细胞的正常分裂增生，诱发遗传物质突变，容易致畸。孕妈妈可吃点无害的天然酸性食物，如西红柿、樱桃、石榴、草莓、酸枣、葡萄等。

⊗ 不宜用"叶酸片"代替"小剂量叶酸增补剂"

市场上的叶酸增补剂琳琅满目，在挑选叶酸时，要特别注意产品的生产厂家、叶酸的含量、适宜人群、不良反应以及影响吸收和利用的因素等。

目前市场上有一种供治疗贫血用的"叶酸片"，是人工合成的叶酸，每片含叶酸 5000 微克，是叶酸正常服用剂量 400 微克的 12.5 倍。这种叶酸增补剂不适合孕妈妈服用。因此，孕妈妈购买的时候一定要注意看看所购产品的叶酸含量，切忌服用这种大剂量的叶酸片。

⊗ 不宜食补过量

孕妈妈平时可以用枸杞子、羊肉、百叶、鸭肉等温热性的食物熬粥或炖汤，滋补的同时养胃护脾，注意每次最多 2 小碗。不要过量，过量会增加肾脏的负担，不利于健康。

⊗ 孕 1 月不宜吃的 4 种食物

浓茶：茶叶中含有许多氟化物成分，孕期饮浓茶，不仅易患缺铁性贫血，影响胚胎的营养物质供应；浓茶内含的咖啡因，还会增加孕妈妈的心脏和肾脏负担，有损母体和胎宝宝的健康。

咖啡：咖啡会导致孕妈妈中枢神经系统兴奋、躁动不安、呼吸加快、心动过速，不利于胚胎顺利着床，也不利于已经进入子宫腔的胚胎扎根。

山楂：山楂对子宫有收缩作用。孕早期大量食用山楂制品，会刺激子宫收缩，不利于胚胎着床，还可引发流产危险。

辣椒：怀孕早期食用辛辣刺激性食物，会刺激胃肠蠕动，使孕吐加重。而且辛辣食物还会导致便秘。

有慢性咽炎的孕妈妈最好不吃或少吃辣椒，因为辣椒有刺激血管扩张的作用，会加重症状。

第 1 周营养食谱搭配

一日三餐科学合理搭配方案

现阶段孕妈妈的饮食结构与孕前相比，不需要做什么新的调整，你要做的就是加强营养，摄入高质量的蛋白类食物、含叶酸的水果和蔬菜。

早餐

燕麦南瓜粥

主要原料： 燕麦、大米各 50 克，南瓜 80 克。

做法： ①南瓜削皮，切小块。②大米洗净，加水，大火煮沸后换小火煮 20 分钟；放入南瓜块、燕麦，继续用小火煮 10 分钟即可。

● **营养功效：** 此粥能为受精卵的形成提供充足的营养和热能。

午餐

豆腐馅饼

主要原料： 豆腐、面粉各 200 克，白菜 1/4 棵，姜末、葱末、盐各适量。

做法： ①豆腐抓碎；白菜切碎，挤出水分。豆腐、白菜加入姜末、葱末、盐调成馅。②面粉加水制成面团，分成 10 等份，每份擀成汤碗大的面皮；菜分成 10 份，包成馅饼。③平底锅烧热下适量油，将馅饼煎至两面金黄即可。

● **营养功效：** 豆腐含丰富的植物蛋白，能有效地为受精卵的健康发育提供营养，且有助于降血脂和胆固醇，适合孕期食用。

晚餐

排骨汤面

主要原料： 猪排骨 50 克，面条、盐、葱段、姜片、白糖各适量。

做法： ①猪排骨洗净，切段。②爆香葱段、姜片，倒入猪排骨、盐，煸炒至排骨变色，加适量水，用大火烧沸。③中火煨至排骨熟透，放入白糖。④另起一锅煮熟面条后倒入排骨和汤汁。

● **营养功效：** 此面中富含卵磷脂、蛋白质等营养，易于消化吸收，有增强孕妈妈免疫力的作用，并能促进胎宝宝的成长。

香椿芽拌豆腐

主要原料: 香椿芽 100 克,豆腐 200 克,盐、香油各适量。

做法: ①香椿芽洗净,用开水烫一下切成细末。②豆腐切丁,用沸水焯熟,碾碎,再加入香椿芽末、盐、香油拌匀即成。

● **营养功效:** 香椿芽含有丰富的维生素 C 和胡萝卜素,有助于增强孕妈妈的机体免疫功能。

玉米牛蒡排骨汤

主要原料: 新鲜玉米 2 段,排骨 100 克,牛蒡、胡萝卜各半根,盐适量。

做法: ①排骨洗净,斩段,焯烫去血沫,用清水冲洗干净。②胡萝卜洗净,去皮,切块;牛蒡用小刷子刷去表面的黑色外皮,切成小段。③把排骨、牛蒡段、胡萝卜块、玉米段放入锅中,加适量清水,大火煮开,转小火再炖至排骨熟透,出锅时加盐调味即可。

● **营养功效:** 牛蒡含有一种非常特殊的营养成分牛蒡苷,有助筋骨发达、增强体力的功效。

奶香菜花

主要原料: 菜花半棵,鲜牛奶半袋(125 毫升),胡萝卜 1/4 根,玉米粒、青豆各 20 克,盐、水淀粉、黄油各适量。

做法: ①菜花掰小朵,洗净;胡萝卜洗净、切丁;菜花、青豆和胡萝卜煮至六成熟。②锅里放适量油,再加入小块黄油用小火化开,倒入菜花翻炒几下,加入青豆、胡萝卜丁和玉米粒。③加盐调味,最后加鲜牛奶,用水淀粉勾芡即可。

● **营养功效:** 此菜含有丰富的抗氧化物质、叶酸和膳食纤维。

第 2 周营养食谱搭配

一日三餐科学合理搭配方案

在三餐之间根据需要孕妈妈再吃一些小零食，如果汁、坚果、蛋糕、水果等。
要注意每次不要吃太多，坚持少吃多餐会让肠胃更健康。

早餐

鲜香肉蛋羹

主要原料： 猪肉馅 40 克，鸡蛋 2 个，香菜、香油、盐各适量。

做法： ①香菜洗净，切末。②鸡蛋打入碗中，放入和蛋液等量的水。③放入肉馅、盐，搅拌均匀，上锅蒸 15 分钟。④出锅淋入香油，撒上香菜末即可。

● 营养功效：孕妈妈食用猪肉可以补锌，还能增强免疫力。

午餐

芦笋蛤蜊饭

主要原料： 芦笋 6 根，蛤蜊 150 克，海苔、大米、姜、白糖、醋、香油、盐各适量。

做法： ①芦笋洗净，切段；海苔、姜切丝，备用。②蛤蜊泡水，吐净泥沙后用水煮熟，去壳。③大米淘洗干净，放入电饭煲中，加适量水。④将海苔丝、姜丝、白糖、醋、盐搅拌均匀，倒入电饭煲中。把芦笋段铺在上面，一起煮熟。⑤将煮熟的米饭盛出，放入蛤蜊肉，加香油搅拌均匀即可。

● 营养功效：芦笋含有丰富的叶酸和膳食纤维，是补充叶酸的佳品，有益于胎宝宝的健康发育，还能促进孕妈妈的新陈代谢，预防便秘。

晚餐

炒红薯泥

主要原料： 红薯 200 克，白糖适量。

做法： ①红薯洗净，上锅蒸熟后，趁热去皮，捣成薯泥，加白糖调味。②油锅烧热，晃动炒锅，使油均匀铺满锅底。③倒入红薯泥，快速翻炒，待红薯泥翻炒至变色即可。

● 营养功效：红薯中含有多种人体需要的营养物质，包括蛋白质、磷、钙、铁、钾、胡萝卜素，有益于孕妈妈健康。

"早生贵子"蜜

主要原料: 红枣 50 克, 花生仁 25 克, 蜂蜜适量。

做法: ①将红枣、花生仁用温水浸泡后, 用小火煮熟。②食用时再加入些蜂蜜, 调匀即成。

● 营养功效: 常吃红枣能有效地预防和治疗贫血, 让孕妈妈的脸色红润起来。吉利的名字也使孕妈妈喜欢上它。

番茄南米 (傣语, 意为番茄酱)

主要原料: 西红柿 2 个, 青蒜、芝麻、青椒各 30 克, 葱花、盐各适量。

做法: ①西红柿洗净, 去皮, 做成酱; 青蒜、青椒洗净, 切碎。②芝麻入锅炒香; 锅中加入适量植物油, 爆香葱花, 下入切碎的青椒和青蒜略炒, 加入西红柿酱、盐煸炒片刻盛出, 撒上炒香的芝麻即成。

● 营养功效: 西红柿开胃助消化, 而且其中的番茄红素又可随脂肪被人体充分吸收, 同时芝麻中含有很多维生素 E, 是重要的抗氧化营养素。

海米白菜

主要原料: 白菜 150 克(只取白菜帮), 海米 1/3 碗, 盐、水淀粉各适量。

做法: ①白菜帮洗净, 切成长条, 下入开水锅中烫一下, 捞出控水备用; 海米泡开, 洗净控干。②锅中放油烧热, 放海米炒香, 再放白菜帮快速翻炒至熟, 加盐调味, 用水淀粉勾芡即可。

● 营养功效: 海米中富含锌, 可提高精子和卵子质量, 适量补锌还能调节女性内分泌, 增加受孕机会。

第 3 周营养食谱搭配

一日三餐科学合理搭配方案

孕妈妈的饮食不仅要追求色、香、味、形,更要重视营养均衡,也就是使每天膳食所供给的营养比例恰当。

早餐 黄豆芝麻粥

主要原料: 黄豆 100 克,大米 150 克,芝麻 20 克,高汤、盐各适量。

做法: ①黄豆、大米洗后在水中浸泡半天。②先用黄豆和大米煮粥,可加高汤。③粥滚后再加入芝麻、盐调味即可。

● 营养功效:芝麻有健脑作用,有利于胎宝宝大脑发育。

午餐 什锦果汁饭

主要原料: 大米 200 克,牛奶 1 袋(250 毫升),苹果丁、菠萝丁、蜜枣丁、葡萄干、青梅丁、碎核桃仁、白糖、番茄沙司、水淀粉各适量。

做法: ①大米洗净,加入牛奶、水煮成饭,加白糖拌匀。②将番茄沙司、苹果丁、菠萝丁、蜜枣丁、葡萄干、青梅丁、碎核桃仁放入锅内,加水和白糖烧沸,加水淀粉,制成什锦沙司,浇在米饭上即成。

● 营养功效:此饭营养丰富,能满足孕妈妈嘴馋的欲望,同时,也能为胎宝宝提供足够的营养。

晚餐 牛肉饼

主要原料: 牛肉馅 250 克,鸡蛋 1 个,葱末、姜末、料酒、盐、香油各适量。

做法: ①牛肉馅中加入葱末、姜末、料酒、油、盐、香油,搅拌均匀,打入鸡蛋搅匀。②将肉馅摊平呈饼状,用少许油煎熟,或上屉蒸熟,也可以用微波炉大火加热 5~10 分钟至熟。

● 营养功效:牛肉的蛋白质含量较高,孕妈妈常吃牛肉可以促进胎宝宝的生长发育。

青柠煎鳕鱼

主要原料：鳕鱼肉 200 克，青柠檬 1 个，鸡蛋清、盐、水淀粉各适量。

做法：① 鳕鱼洗净，切小块；加入盐腌制片刻，挤入适量青柠檬汁。② 将备好的鳕鱼块裹上鸡蛋清和水淀粉。③ 锅内放油烧热后，放入鳕鱼煎至两面金黄，出锅装盘即可。

● **营养功效：**鳕鱼属于深海鱼类，污染小，DHA 含量相当高，是有利于胎宝宝大脑发育的益智食物；加入适量的青柠檬汁，有开胃的功效，适合胃口不佳的孕妈妈。

枸杞炒猪心

主要原料：猪心 80 克，平菇 1 朵，枸杞子、姜片、酱油、白糖、盐、水淀粉、香油各适量。

做法：① 猪心洗净、切片，用酱油抓匀；平菇洗净，切块后焯水备用。② 锅中倒油烧热，把姜片煸香，放猪心炒至变色，放入平菇、枸杞子翻炒至熟。③ 加白糖、盐调味，加入水淀粉勾芡，淋上香油即可。

● **营养功效：**猪心富含的营养素能预防胎宝宝发生唇腭裂，枸杞子滋补肝肾，平菇可提高免疫力。

什锦西蓝花

主要原料：西蓝花、菜花各 100 克；胡萝卜半根，盐、白糖、醋、香油各适量。

做法：① 西蓝花和菜花切成小朵；胡萝卜去皮，切片。② 将全部蔬菜放锅中焯熟透，盛盘，加盐、白糖、醋、香油拌匀即可。

● **营养功效：**此菜富含的维生素、铁、钙、叶酸等可保证胎宝宝的健康。

第4周营养食谱搭配

一日三餐科学合理搭配方案

从现在开始要少吃多餐，细嚼慢咽，每一口食物的量要尽量少，并充分咀嚼。

早餐

黑豆饭

主要原料： 黑豆、糙米各适量。

做法： ①黑豆、糙米洗净，放在大碗里泡几个小时。②连米带豆和泡米水，一起倒入电饭煲焖熟即可。

● 营养功效：糙米表皮含有大量的B族维生素，可促进胎宝宝大脑发育。

午餐

紫菜包饭

主要原料： 糯米150克，鸡蛋1个，紫菜1张，火腿、黄瓜、沙拉酱、米醋各适量。

做法： ①黄瓜洗净、切条，加米醋腌制3分钟。②糯米洗净，上锅蒸熟后，倒入适量米醋，拌匀晾凉。③鸡蛋打散，火腿切条。④锅中放油，将鸡蛋摊成饼，切丝。⑤糯米平铺于紫菜上，摆上黄瓜条、火腿条、鸡蛋丝、沙拉酱，卷起，切成2厘米厚片即可。

● 营养功效：紫菜营养全面，能帮助孕妈妈和胎宝宝补充多种营养素。紫菜被视为抗辐射圣品，孕妈妈应经常食用。

晚餐

香菇疙瘩汤

主要原料： 鲜香菇4朵，面粉30克，鸡蛋1个，盐适量。

做法： ①将鲜香菇洗净，切丁；面粉加水和鸡蛋混合拌匀成面团。②在锅中倒入适量清水，大火烧沸后，用小勺挖取面团，放入锅中。③面疙瘩浮起后，放入香菇丁、盐煮熟即可。

● 营养功效：加了鸡蛋的疙瘩汤口感软滑，香菇营养丰富，此汤是孕妈妈不错的营养加餐。

红枣枸杞茶

主要原料: 红枣 10 颗,枸杞子 10 克,冰糖适量。

做法: ①红枣、枸杞子洗净。②锅中加水煮开,放入红枣、枸杞子,煮 5 分钟。③放入冰糖,煮至溶化即可。

● **营养功效:** 这款红枣枸杞茶具有滋肝补肾、益气补血的功效,孕妈妈长期饮用可以起到补血的作用,让孕妈妈有了胎宝宝之后气色更好。

炒黑鱼片

主要原料: 木耳 2 朵,红椒半个,莴苣 1/4 根,黑鱼片 500 克,盐、葱末、姜末、料酒、水淀粉各适量。

做法: ①黑鱼片洗净后,加料酒、水淀粉、盐腌制 10 分钟左右;木耳泡发后,撕成小朵;莴苣洗净,去皮,切片;红椒切片。②鱼片下油锅滑熟,捞出;葱末、姜末炝锅后,下木耳翻炒,再放入莴苣片、红椒片,快熟时加入鱼片,最后用盐调味即可。

● **营养功效:** 此菜味道鲜美,黑鱼肉中含有的丰富蛋白质、脂肪、氨基酸、钙等可以补益气血,是孕妈妈的滋补品。

枣杞蒸鸡

主要原料: 鸡半只,红枣、枸杞子、盐各适量。

做法: ①鸡洗净,剁成块。②鸡块放入沸水内焯 3 秒捞出,放入器皿中加红枣、枸杞子、盐,盖盖儿,再放入蒸锅内,水开后大火蒸约 4 分钟即可。

● **营养功效:** 鸡肉营养丰富,且胆固醇含量低;红枣本身就具有补血的作用,搭配枸杞子同吃,效果更佳。

孕2月
开始生根发芽

胚胎期是胎宝宝各器官分化发育的时期，许多导致畸形的因素都非常活跃。特别是在孕4~5周，心脏、血管系统最敏感，最容易受到损伤。孕妈妈在这个敏感阶段要特别注意自己的生活环境和饮食起居。另外，孕吐会在这个月出现，如果孕吐严重不能正常进食，要想办法保证营养的摄入，要有信心战胜孕吐。为了胎宝宝的健康，一定要保证充足的营养。

本月胎宝宝发育所需营养素

这个月胎宝宝只能被叫作胚芽，长3厘米左右，重约4克，外表已经能够分辨出头、身、手、脚。孕6周，胎宝宝的小心脏就开始跳动了，心脏、血管开始向全身输送血液。从这个月起，保护胎宝宝的羊水开始生成，脐带和胎盘开始发育。这时是胚胎发育最关键的时刻，胚胎对致畸因素特别敏感，因此要慎之再慎。孕妈妈应在饮食营养上保护好胎宝宝。

营养大本营

这个月，相伴而来的头晕、乏力、嗜睡、流涎、恶心、呕吐、喜食酸性食物、厌油腻等妊娠反应表现明显。越是这个时候，孕妈妈越要注意饮食健康，放松心情，不要过多考虑妊娠反应问题，如妊娠反应严重可考虑就医。本月的营养重点为糖类、矿物质、蛋白质和叶酸。

糖类　可供给热量，而葡萄糖是胎宝宝能量的主要来源。因胎宝宝耗用母体葡萄糖较多，孕妈妈需要及时补充。孕早期每天应至少食用150克糖类（相当于200克的粮食），才能保证孕妈妈及胎宝宝的正常需要。

碘　是甲状腺素组成成分。甲状腺素能促进蛋白质的生物合成，促进胎儿生长发育。孕期甲状腺功能活跃，碘的需求量增加，易造成孕期碘摄入量不足或缺乏，从而影响胎儿的发育。只要不是缺碘的孕妈妈不用额外服用碘，食补就可以。

蛋白质　在孕早期增加的体重中，蛋白质占将近 1 千克，其中一半贮存于胎宝宝体内。另外，蛋白质的贮存量会随孕周的增长而增加，怀孕第 1 个月平均每天贮存 0.6 克，怀孕中晚期每天贮存 6~10 克。

一吃就吐怎么办

孕吐很厉害，完全吃不下东西。

吐出来的都是黄水。

身体越来越瘦，宝宝会不会也营养不良。

闻不了饭菜的味道，一闻就恶心。

· 女性怀孕后，体内人绒毛膜促使性腺激素分泌量明显增加，而使胃酸显著减少，随之消化酶的活性也降低。不但影响孕妈妈的胃肠道正常消化功能，而且还会使孕妈妈产生头晕、恶心、呕吐等症状。

· 建议孕吐严重的孕妈妈，起床前先吃些馒头干、饼干等干淀粉类食物；喝水时加少许盐。如反应剧烈，可请医生治疗，或口服维生素 B_6。

叶酸是本月明星营养素

本月是胎宝宝神经系统形成和发育的关键时期,孕妈妈依然不能忽视叶酸的补充,每天摄入量应与上月保持一致。叶酸不在于补多,而在于每天补充,才能有效地预防胎宝宝的出生缺陷。另外,还能预防孕妈妈贫血。所以,为了胎宝宝的健康,孕妈妈补充叶酸是不能停的。

糖类

米饭
熬粥或蒸米饭都可以
(每天 1~3 次)

蛋白质

鸡蛋 / **牛奶**
每天最多吃 2 个 / 睡前喝牛奶
(每天 1 次) / (每天 1 杯)

碘

海鱼 / **海带** / **紫菜** / **干贝**
避免吃金枪鱼、剑鱼 / 凉拌,做汤均可 / 干燥通风保存 / 做汤味鲜
(每周 1 次) / (每周 1 次) / (每周一两次) / (每周一两次)

锌

核桃 / **牛肉** / **猪肝** / **牡蛎** / **鱼**
也可以吃新鲜核桃 / 不宜和栗子一起吃 / 猪肝一定要炒熟 / 胃寒者不宜吃 / 不要总吃一种鱼
(每天 1 次) / (每周 1 次) / (每周一两次) / (每周 1 次) / (每周 1 次)

叶酸

芦笋 / **芝麻** / **腰果** / **榛子** / **西蓝花** / **蚕豆**
芦笋要炒熟吃 / 芝麻炒熟味道香 / 腰果可做菜 / 一次吃两三个 / 焯水凉拌清脆爽口 / 新鲜蚕豆煮着吃最营养
(每周 1 次) / (每周 3~5 次) / (每周 3 次) / (每周两三次) / (每周 1 次) / (每周 1 次)

妈妈宝宝营养情况速查

进入怀孕第 2 个月,由于激素的作用,大部分孕妈妈妊娠反应明显,喜食酸性食物,厌油腻,烹调口味宜清淡。这时候的营养补充原则是能吃什么就吃什么,只要不吐即可。

孕2月饮食原则和重点

孕早期的孕妈妈体重增长比较缓慢，所需营养与未孕时近似，所以饮食结构不用做大的调整，只要保证营养丰富全面、结构合理就可以了。由于孕吐，感觉吃不下任何东西的孕妈妈也不必着急，身体内储备的营养完全能够满足胎宝宝生长发育所需。

及时补充水分

孕吐严重的孕妈妈，因为剧烈的呕吐容易引起体内的水盐代谢失衡，所以要注意补充水分。补水时，每次饮水与平时相同即可，不需要加量，否则会加重妊娠反应，可以通过增加饮水的次数来补充水分。不建议把牛奶、豆浆或果汁当每天所需的水，因为这些饮品都有相当的热量，会使孕妈妈在无意间增加体重。

少吃多餐，减轻妊娠反应

妊娠反应带来的恶心、厌食，影响了孕妈妈的正常饮食。如果到了饭点，孕妈妈不想吃饭，也不要强迫，可以待会儿再吃；或者只吃一点儿，饿了的时候再吃一些小零食补充。孕吐严重的孕妈妈不要怕麻烦，有食欲的时候要抓紧机会吃，没有食欲时可以不吃或少吃。

孕吐从何来

恶心、厌食、呕吐、挑食、乏力等症状越来越明显，是因为受精卵在子宫内膜着床后，孕妈妈血液中人绒毛膜促使性腺激素水平升高，影响到胃肠道平滑肌的蠕动造成的。

要有战胜孕吐的信心

有的孕妈妈孕吐很强烈，没有一点胃口，吐得浑身乏力，日渐消瘦。其实孕吐与精神因素有关，如果怀孕以后坚强乐观，怀揣做母亲的幸福感，遇到困难后有坚强的勇气，症状自然会减轻。

孕妈妈早饭前30分钟，以小口慢喝的方式饮用200毫升25~30℃的新鲜温凉开水，可以温润胃肠，刺激肠胃蠕动，防止便秘。

孕 2 月饮食宜忌

在最容易出现妊娠反应的孕 2 月，只要孕妈妈重视饮食，可以避免或减轻妊娠反应，平安度过难熬的孕初期。有些饮食禁忌孕妈妈也要提前了解，以免触到"雷区"，从而使自己惴惴不安的心情变得更加忐忑。

✅ 宜适量吃豆类食物

由于这个月孕妈妈的孕吐比较严重，对豆类食物中的"生豆气"比较敏感，但是这个时候还是应该克服心理上的排斥，适当摄入豆类食物。豆类食物中富含人体所需的优质蛋白和 8 种必需氨基酸，其中谷氨酸、天冬氨酸、赖氨酸等含量是大米中含量的 6~12 倍。其中，黄豆富含磷脂，不含胆固醇，是不折不扣的健脑食物，孕妈妈可以多吃些。

✅ 宜每天吃 1 个苹果

在孕早期，孕妈妈的孕吐现象比较严重，口味比较挑剔。这时候不妨吃个苹果，不仅可以生津止渴、健脾益胃，还可以有效缓解孕吐。苹果还有缓解不良情绪的作用，对遭受孕吐折磨、心情糟糕的孕妈妈有安心静气的作用。孕妈妈吃苹果时要细嚼慢咽，或将其榨汁饮用，每天 1 个即可。

✅ 宜盐水泡果蔬，谨防农药污染

孕妈妈如果食用被农药污染的蔬菜、水果后，极易导致基因正常控制过程发生转向或胎宝宝生长迟缓，从而导致先天性畸形，严重的可发生胎停，流产、早产或者死胎。所以孕妈妈在食用蔬果之前一定要仔细清洗。

草莓、杨梅一定要清洗干净再吃

草莓、杨梅类水果，表面高低不平，清洗时稍微用力就会破损。有些人买有机草莓、杨梅，认为这样就可以不用清洗了，这是错误的，因为水果上面可能有肉眼无法看到的寄生虫。孕妈妈在吃这类水果时，一定要用盐水把这些水果泡 10 分钟，再用清水冲洗干净。

除了盐水还可以用什么洗水果

面粉或淀粉洗葡萄：把葡萄放在水里面，然后放入两勺面粉或淀粉，不要使劲地去揉它，只需来回翻腾，然后放水里来回地筛洗，2 分钟后，用清水冲干净即可。

淘米水洗樱桃：用第 1 次淘米的水洗樱桃，可以把樱桃洗得更红亮、干净。

孕妈妈可以把苹果做成汤羹食用，汤中加入红枣、百合，酸甜的味道既缓解孕吐，又开胃。

鱼要吃新鲜的，为了避免鱼中的寄生虫，除了加工时要彻底洗干净外，烹调时要注意煮熟煮透。鱼黑衣是过滤水中有毒物质的，一定要去除。

宜少吃高脂肪食物，预防便秘

引起肠胃不适的最常见原因是消化不良。这一般不需要药物治疗，孕妈妈只需减少高脂肪食物的摄取，避免食用辛辣食物和含有咖啡因的饮料，增加高膳食纤维食物的摄取，如麦麸、玉米、糙米、大豆、燕麦、荞麦等。同时，吃容易消化的禽类或者鱼肉，多吃蔬菜、水果。这样还可以减缓消化不良引起的便秘等问题。

宜少吃多餐防胃灼热

孕妈妈可能从第 2 个月开始，直到分娩，常感到胃部有灼热的感觉，也就是俗话说的"心口窝"痛，从胸骨后向上方放射，有时灼热的感觉会加重，变成灼热似的疼痛，疼痛的部位一般在剑突的下方，这就是医学上说的妊娠期胃灼热症。

如果孕妈妈觉得胃部灼热感逐渐加重了，可以向医生咨询，在医生的指导下服用药物。

为了预防妊娠期胃灼热症，孕妈妈在生活中应注意少吃多餐。如果进食量多，或饮大量的液体则会积聚在胃肠中，使胃内压力增加，胃酸易反流到食道。

要戒烟戒酒，因为烟酒会影响胎宝宝的生长发育，而增加发生胃灼热感的机会。

避免吃得太多而导致肥胖，因为肥胖的孕妈妈食道下段括约肌功能减退，也易发生胃灼热的症状。

注意每天还要进行适当的体育锻炼，如散步。

宜多吃鱼

鱼肉富含蛋白质、维生素，以及氨基酸、卵磷脂、钾、钙、锌等营养素，这些是胎宝宝发育，尤其是神经系统的发育的必需物质。另外，鱼肉还富含较多的不饱和脂肪酸——二十碳五烯酸。二十碳五烯酸有利于孕妈妈将充足的营养物质输送给胎宝宝，促进胎宝宝的发育，还能有效预防妊娠高血压综合征的发生。所以，孕妈妈多吃鱼对胎宝宝的发育十分有利。

淡水鱼里常见的鲈鱼、鲫鱼、草鱼、鲢鱼、黑鱼，深海鱼里的三文鱼、鳟鱼、左口鱼、黄花鱼、鳕鱼、鳗鱼等，都是不错的选择。保留营养的最佳方式就是清蒸，用新鲜的鱼炖汤也是保留营养的好方法，并且特别易于消化。

需要注意的是，孕妈妈应尽量吃不同种类的鱼，不要只吃一种，以满足不同的营养需求。

✓ 宜准备一些小零食

孕早期，孕妈妈可能会经常感到饥饿，还有胃部灼热的难受感。为了避免这种情况，孕妈妈要准备一些零食，如小蛋糕、面包、坚果等，饿的时候食用。恶心、想吐时也可以试着吃一些饼干或水果。

✓ 宜适量吃蔬果和谷类

为了适应胎宝宝发育的需要，孕妈妈在生理上发生了很大的变化，如血容量的增加，它需要孕妈妈自身增强热能，加强基础代谢的功能。增加足量蛋白质和维生素的摄入，能有效帮助孕妈妈增强物质代谢的热能所需，这些都依赖于天然的五谷杂粮、新鲜果蔬。

✕ 不宜只吃素

孕妈妈这个月的妊娠反应会比较大，不喜欢荤腥油腻，只是全吃素食，这种做法可以理解，但是孕期长期吃素就会对胎宝宝产生不利影响了。母体摄入营养不足，势必造成胎宝宝的营养不良，胎宝宝如果缺乏营养，如缺乏蛋白质、不饱和脂肪等，会造成脑组织发育不良，出生后智力低下。

素食一般含维生素较多，但是普遍缺乏一种叫牛磺酸的营养成分。人类需要从肉类食物中摄取一定量的牛磺酸，以维持正常的生理功能。牛磺酸对儿童的视力也有重要影响，如果缺乏牛磺酸，会对胎宝宝的视网膜造成影响。

素食妈妈怎么补充蛋白质

有一些孕妈妈是素食者，素食者分为两类：只是不吃肉的素食者，和不吃所有与动物有关的食物的素食者。蛋白质是细胞组成的基础成分，是建造宝宝机体不可或缺的"砖瓦"，而肉类食物则是优质蛋白质的最佳来源。

只是不吃肉的素食者，可以从鸡蛋和奶制品当中摄入足够的蛋白质。如果不吃所有与动物有关的食物，就很难保持膳食平衡。为了胎宝宝的健康，建议素食的孕妈妈适量进食蛋类、乳制品及豆制品。

五谷杂粮是热量的主要来源，煲汤时可以和蔬菜、猪骨、鱼片等搭配做出不同口味又富有营养的粥来，孕妈妈吃得好，宝宝也会健康。

在不空腹的情况下，孕妈妈每次吃柿子不超过 200 克为宜；柿子中含有的糖分高，有糖尿病的孕妈妈不宜吃。

❌ 不宜马上进补

有的孕妈妈知道自己怀孕之后，为了让胎宝宝"吃"得更好，马上就开始进补。其实现在胎宝宝还很小，对营养需求也不大，孕妈妈只要维持正常饮食，保证质量就可以了。

❌ 不宜晚餐吃太多

孕妈妈晚餐吃得过饱会增加肠胃负担，睡眠时胃肠活动减弱，不利于食物的消化吸收。所以孕妈妈晚上还是少吃一点为好。可以选择牛奶、坚果、水果作为晚餐，营养又不油腻，让孕妈妈有好胃口。

❌ 不宜吃油炸食物

孕妈妈尽量少吃油炸食物，这类食物不易消化，食后易胸口饱胀，甚至引起孕妈妈恶心、食欲缺乏等。

所以在日常饮食中将油条这类早餐撤出自己的餐桌吧，增加些清淡的面食或汤粥，可以是馄饨或小米饭之类的粗粮食物。馄饨美味，小米富含蛋白质、维生素和矿物质，粗细搭配，不仅改善孕妈妈的口味，还能吃出营养。

❌ 不宜过量吃柿子

柿子性寒，如果空腹大量食用，它含有的单宁、果胶与胃酸会和未被消化的膳食纤维混合到一起，在胃里易形成结石。柿子和螃蟹尤其不能一起吃，更容易形成结石。另外柿子收敛作用很强，孕妈妈食用过多会引起便秘。

❌ 不宜喝汽水、碳酸饮料

这些饮料中含有磷酸盐，进入肠道后能与食物中的铁发生化学反应，形成难以被人体吸收的物质而排出体外。所以大量饮用汽水会大大降低血液中的含铁量。

汽水大都添加色素，不利于胎宝宝的健康发育。

✖ 不宜长期服用温热补品

　　怀孕期间，孕妈妈由于血液量明显增加，心脏负担加重，容易导致水、钠潴留而发生水肿、高血压等病症。另外，孕妈妈由于胃酸分泌量减少，会出现食欲缺乏、胃部胀气及便秘等现象。在这种情况下，如果孕妈妈经常服用温热性的补药、补品，如人参、鹿茸、桂圆、鹿胎胶、鹿角胶、阿胶等，会加剧孕吐、水肿、高血压、便秘等症状，甚至会发生流产或死胎等。因此，孕妈妈不宜长期服用或随便服用温热补品。

✖ 不宜过量吃菠菜

　　菠菜含有丰富的叶酸，名列蔬菜叶酸含量之榜首。但菠菜含草酸也很多，草酸可干扰人体对锌、钙等营养素的吸收，会对孕妈妈和胎宝宝的健康带来损害，如果缺锌，会令人食欲缺乏、味觉下降；如果缺钙，可能出现佝偻病，鸡胸、"O"形腿，以及牙齿生长缓慢等现象。所以孕妈妈不要过量吃菠菜，食用菠菜前也最好将其放入开水中焯一下，使大部分草酸溶入水中之后再食用。菠菜叶酸的含量很高，烹饪时不要煮太烂，以免营养流失。

✖ 忌食用重口味食物

　　为了顾及孕妈妈口味的改变和爱好，各式酸、甜、苦、辣的食物，孕期都可以酌量食用，但应避免食用过于辛辣的食物，以免令肠胃无法负荷。有些孕妈妈吃太多麻辣或过于生冷、不够新鲜的食物，会导致剧烈腹泻，严重者还会引发早产。

夏天不能吃冷食吗

夏天，因为天气热易流汗、盐分流失多，所以孕妈妈食补要清淡，并可以适当吃一些凉补食材，但要注意，一定不可过量。

夏季，孕妈妈比较适宜吃的冷食有：鲜榨果汁，如橙汁、苹果汁、柠檬汁、葡萄汁、菠萝汁等，这些果汁中含有很高的营养价值。另外像冬瓜、红枣、荷叶、茯苓、扁豆、莲子、西红柿等也是很好的夏季凉补食材，可将其制成红枣茶、冰糖莲子羹、冬瓜蛤蜊汤、荷叶排骨汤等。

人参这种大补品含有较多的激素，孕妈妈滥用会干扰胎宝宝正常的生长发育，而且这种补品吃得过多会影响正常饮食中营养的摄取和吸收，孕妈妈不要随便服用。

第 5 周营养食谱搭配

一日三餐科学合理搭配方案

进入这周,大部分的孕妈妈自己也有些许的感觉,吃饭的口味悄悄起了变化,胃口变差。

早餐 猪血鱼片粥

主要原料: 猪血 500 克,草鱼肉 250 克,大米 100 克,盐适量。

做法: ①将猪血洗净,切块。②草鱼肉洗净,切成薄片,放入碗内。③大米淘洗干净,放入锅中煮粥,快熟时加入猪血、草鱼片,煮熟后放入盐调味。

● 营养功效:猪血有补血补钙的功效,且营养丰富,又易消化。

午餐 南瓜牛腩饭

主要原料: 牛肉 150 克,熟米饭 100 克,南瓜 80 克,胡萝卜、高汤、盐各适量。

做法: ①牛肉、南瓜、胡萝卜分别洗净,切丁。②将牛肉放入锅中,用高汤煮至八成熟,加入南瓜、胡萝卜、盐,煮至全部熟软,浇在熟米饭上即可食用。

● 营养功效:此饭清淡可口、营养丰富,肉香中混合着南瓜淡淡的香甜,非常适合胃口不佳的孕妈妈食用。

晚餐 蔬菜虾肉饺

主要原料: 饺子皮 15 张,猪肉 150 克,香菇 3 朵,虾 5 只,玉米粒 50 克,胡萝卜 1/4 根,盐、五香粉、泡香菇水各适量。

做法: ①胡萝卜切小丁,香菇泡后切小丁,去壳的虾切丁。②将猪肉和胡萝卜一起剁碎,放入香菇丁、虾丁、玉米粒,搅拌均匀;再加入盐、五香粉、泡香菇水制成肉馅。③饺子皮包上肉馅,煮熟即可。

● 营养功效:这道主食中含有丰富的蛋白质、卵磷脂,除此之外,还含有 B 族维生素,可为胚胎的健康发育提供充足的营养。

糖醋莲藕

主要原料： 莲藕 200 克，料酒、盐、白糖、米醋、香油、花椒、葱花各适量。

做法： ① 将莲藕去节、削皮，粗节一剖两半，切成薄片，用清水漂洗干净。
② 炒锅置火上，放入油，烧热，投入花椒，炸香后捞出，再下葱花略煸，倒入藕片翻炒，加入料酒、盐、白糖、米醋，继续翻炒，待藕片成熟，淋入香油即成。

● **营养功效：** 味道酸甜适中，并且含有丰富的碳水化合物、维生素 C 及钙、磷、铁等多种营养素。莲藕是传统止血药物，有止血、止泻功效，有利于保胎，防止流产。

蛋黄莲子汤

主要原料： 莲子 10 颗，鸡蛋 1 个，冰糖适量。

做法： ① 莲子洗净，加 3 碗水煮，大火煮开后转小火煮约 20 分钟，加冰糖调味。
② 鸡蛋去壳取黄，入莲子汤煮熟后即可食用。

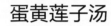
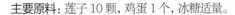

● **营养功效：** 莲子营养丰富，适合孕早期食用；蛋黄含有丰富的卵磷脂，能使胎宝宝更聪明。

芦笋口蘑汤

主要原料： 芦笋 4 根，口蘑 2 朵，红椒 1 个，葱花、盐、香油各适量。

做法： ① 将芦笋择洗干净，切段；口蘑洗净，切片；红椒洗净，去子，切菱形片。
② 油锅烧热，下葱花煸香，放芦笋、口蘑、红椒略炒，加适量水煮 5 分钟，再放入盐调味，淋上香油即可。

● **营养功效：** 芦笋、口蘑含丰富的维生素和卵磷脂，应成为刚刚怀孕的孕妈妈增强体质的常选食物。

第 6 周营养食谱搭配

一日三餐科学合理搭配方案

三餐合理搭配对于孕期营养来说非常重要，孕6周，孕妈妈还在经历难熬的
孕期不适，此时喝一些汤粥不会引起孕吐。

早餐

椰味红薯粥

主要原料：红薯 80 克，大米 100 克，椰子半个，花生仁 10 颗，白糖适量。

做法：①大米洗净；红薯洗净、去皮、切块；椰子取肉后切小块。②先将
花生仁泡透，然后放清水煮熟。大米、红薯和椰肉一同放入锅中，煮熟即可。

● **营养功效**：红薯含丰富的赖氨酸，可帮助胎宝宝构建坚固的健康基础。

午餐

红枣鸡丝糯米饭

主要原料：糯米 100 克，红枣 3 颗，鸡肉 200 克。

做法：①红枣洗净，去核，切碎；鸡肉洗净，切丝，焯烫；糯米洗净，浸泡 2
小时。②将糯米、鸡肉、红枣放入锅中，加适量清水，蒸熟。根据自己的
口味，调味即可。

● **营养功效**：红枣的味道甜中透香，能补气血、增进食欲，是体质虚弱
的孕妈妈补充营养的好食物。

晚餐

牛肉卤面

主要原料：面条 100 克，牛肉 50 克，胡萝卜半根，红椒 1/4 个，竹笋 1 根，
酱油、水淀粉、盐、香油各适量。

做法：①将牛肉、胡萝卜、红椒、竹笋洗净，切小丁。②面条煮熟，过水
后盛入汤碗中。③锅中放油烧热，放牛肉煸炒，再放胡萝卜、红椒、竹笋
翻炒，加入酱油、盐、水淀粉，浇在面条上，最后再淋几滴香油即可。

● **营养功效**：这道面食有强身健体、补血的功效。

西蓝花彩蔬小炒

主要原料: 西蓝花 200 克,胡萝卜 1/4 根,玉米粒 100 克,青椒、红椒各半个,盐、水淀粉各适量。

做法: ①青椒、红椒洗净,切成粒;胡萝卜洗净,切粒;玉米粒洗净;西蓝花择小朵。②坐锅烧水,下胡萝卜粒、玉米粒焯水,再下西蓝花朵焯水。③坐锅放油,下胡萝卜粒、玉米粒,加盐,大火翻炒;放青、红椒粒翻炒,起锅。④西蓝花围边,勾水淀粉淋在西蓝花上,将炒好的彩蔬放入盘中央即可。

● **营养功效:** 西蓝花富含维生素 C,可提高孕妈妈和胎宝宝的抵抗力。

冬笋冬菇扒油菜

主要原料: 油菜 80 克,冬笋 1 根,冬菇 4 朵,葱、盐各适量。

做法: ①将油菜去掉老叶,清洗干净切段;冬菇切半;冬笋切片,并放入沸水中焯烫,除去笋中的草酸;葱洗净切末。②炒锅置火上,倒入适量油烧热,放入葱末、冬笋、冬菇煸炒后,倒入少量清水,再放入油菜段、盐,用大火炒熟即可。

● **营养功效:** 油菜翠绿,清淡可口,含大量维生素和膳食纤维,对调节孕妈妈血糖和控制妊娠高血压综合征都很有帮助。

香菜拌黄豆

主要原料: 香菜 50 克,黄豆 150 克,盐、姜片、香油各适量。

做法: ①挑颗粒饱满的黄豆,洗净后放入清水中泡 6 小时,直到泡胀。②锅中加入适量水,加姜片、盐、泡胀的黄豆煮沸后,小火煮至黄豆熟软,晾凉。③香菜切段拌入黄豆,吃时调入香油即可。

● **营养功效:** 黄豆中含钙丰富,能使胎宝宝的牙齿、骨骼钙化加速,还能帮助胎宝宝自身储存一部分钙供出生之后用。

第 7 周营养食谱搭配

一日三餐科学合理搭配方案

孕妈妈此时要少吃多餐，选择清淡可口和易消化的食物。坚果类和馒头片等休闲食物能减轻恶心、呕吐症状，稀饭能补充因恶心、呕吐失去的水分。

早餐　芝士手卷

主要原料： 紫菜和芝士各 1 片，大米 100 克，生菜、西红柿、沙拉酱各适量。

做法： ①生菜洗净，西红柿洗净切片；大米蒸熟。②铺好紫菜，再将米饭、芝士、生菜、西红柿片铺上，最后淋上沙拉酱并卷起即可。

● 营养功效：紫菜、芝士均富含钙质，孕妈妈食用可以补充钙质。

午餐　咸蛋黄炒饭

主要原料： 米饭 100 克，咸蛋黄 1 个，盐、葱末各适量。

做法： ①咸蛋黄切丁备用。②油锅烧热，爆香葱末，放入咸蛋黄翻炒，加入米饭及盐炒匀，盛入盘中即可。

● 营养功效：此饭健脑补钙，味道咸香，其中富含的碳水化合物可以为孕妈妈补充热量和能量。

晚餐　香菇肉粥

主要原料： 大米、猪肉丝各 100 克，香菇 3 朵，芹菜、虾干各适量。

做法： ①香菇泡好，去蒂后切成细丝；芹菜洗净切成末。②将大米洗净，放入锅内加入水，用大火煮至半熟。③分别将肉丝、香菇丝、虾干放入锅中快炒，炒熟后倒入半熟的粥内，再用中火煮，煮熟后加入芹菜末。

● 营养功效：香菇含有丰富的 B 族维生素和钾、铁等营养元素，有助于提高抵抗力，并有开胃的作用。

柠檬姜汁

主要原料: 姜 1 片,柠檬半个,蜂蜜 1 勺。

做法: ①柠檬榨汁备用。②把姜、柠檬汁和 1 勺蜂蜜混合在一起,然后倒入温水冲调后饮用。

● **营养功效:** 孕妈妈每天早晨空腹喝 1 杯柠檬姜汁,可以止晨吐。

菠菜鱼片汤

主要原料: 鲫鱼肉 250 克,菠菜 100 克,葱段、姜片、盐、料酒各适量。

做法: ①将鲫鱼肉切成 0.5 厘米厚的薄片,加盐、料酒腌 30 分钟。②菠菜择洗干净,切成 5 厘米长的段,用沸水焯一下。③锅置火上,放油烧至五成热,下葱段、姜片爆香,放鱼片略煎,加水煮沸,用小火焖 20 分钟,投入菠菜段,稍煮片刻即可。

● **营养功效:** 菠菜中含有丰富的矿物质、维生素及膳食纤维,可以为孕妈妈补充丰富的营养。

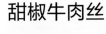

甜椒牛肉丝

主要原料: 牛肉、甜椒各 200 克,鸡蛋 1 个,酱油、盐、姜、淀粉、料酒、高汤各适量。

做法: ①将牛肉洗净切丝,加入盐、鸡蛋清、料酒、淀粉搅拌均匀;甜椒和姜切成细丝。②锅内放少许油,把甜椒丝倒入炒至半熟,然后盛出备用。③加入酱油、盐和高汤,用水淀粉勾芡,翻炒均匀即可。

● **营养功效:** 这道菜有补脾和胃、益气、增血、强筋健骨的功效。

早餐

什锦面

主要原料：面条 100 克，鸡肉 50 克，鲜香菇和海带各 20 克，豆腐 30 克，鸡蛋 1 个，胡萝卜半根，海带 1 片，香油、盐、鸡骨头各适量。

做法：①鸡骨头和洗净的海带一起熬汤；鲜香菇、胡萝卜洗净切丝；豆腐洗净切条。②把鸡肉剁成肉馅加入鸡蛋清后揉成小丸子，在开水中汆熟。③把面条放入熬好的汤中煮熟，放入香菇丝、胡萝卜丝、豆腐条和小丸子煮熟，最后调入盐、香油即可。

- **营养功效：**什锦面营养均衡，含有多种营养素和膳食纤维，易于消化，适合孕妈妈补充体力之用。

午餐

新疆手抓羊肉饭

主要原料：羊肉 200 克，胡萝卜、洋葱各 50 克，大米 100 克，盐适量。

做法：①大米用水泡半个小时，羊肉切小块。②胡萝卜切成粗条，洋葱切成粗丝。③锅里放油，油要比平时炒菜的量稍多些，放入羊肉翻炒。把羊肉炒得略干后放入洋葱，洋葱炒出香味后放胡萝卜和盐，一起翻炒。④把泡好的大米平铺在菜上，铺平后加水，大米和水的比例是 1：1.2；盖上锅盖，把火调成最小，焖 1 个小时就好了。

- **营养功效：**羊肉中含有大量的锌，此外还含有丰富的优质蛋白质，与猪肉、牛肉相比，更有特殊的风味，对孕妈妈和胎宝宝有较好的补益作用。

晚餐

山药羊肉汤

主要原料：羊肉 250 克，山药 50 克，姜片、枸杞子、葱丝、料酒、盐各适量。

做法：①将羊肉去尽筋膜，焯去血水；山药去皮，洗净，切成薄片。②将羊肉、山药、姜片、葱丝放入锅中，加适量水，倒入料酒，撒上枸杞子，大火煮开，然后用小火将羊肉炖烂，加适量盐调味即可。

- **营养功效：**此汤适合孕妈妈冬天食用，补益脾胃的效果非常好，可以增强体质。

拌豆腐干丝

主要原料： 豆腐干 200 克，葱、香菜、酱油、香油、盐各适量。

做法： ①香菜、葱切末；豆腐干切丝，备用。②将豆腐干丝放入热水中焯一下，捞出。③放入葱末、香菜末、酱油、香油、盐，搅拌均匀即可。

- 营养功效：豆腐干既能为孕妈妈和胎宝宝补充钙、磷、铁、蛋白质及多种维生素，又能做出花样美食，孕妈妈可以加些黄瓜，让菜品更丰富。

茭白炒鸡蛋

主要原料： 鸡蛋 2 个，茭白 100 克，盐、葱花、高汤各适量。

做法： ①茭白切丝；鸡蛋磕入碗内，加盐搅匀，入锅炒散。②油锅烧热，爆香葱花，放入茭白丝翻炒几下，加入盐及高汤，收干汤汁，放入鸡蛋，稍炒后盛入盘内。

- 营养功效：此菜中鸡蛋的醇厚香味和健康营养与茭白的清淡完美结合，非常适合孕妈妈食用。

西芹炒百合

主要原料： 鲜百合 100 克，西芹 200 克，红椒丝、葱段、姜片、盐、高汤、淀粉各适量。

做法： ①百合洗净，掰成小瓣；西芹洗净，切段，用开水焯烫。②油锅烧热，下入葱段、姜片炝锅，再放入西芹和百合翻炒至熟，调入盐、少许高汤，撒上红椒丝，勾薄芡即可。

- 营养功效：此菜绿绿脆脆、清清爽爽，看着就有食欲，西芹又含丰富的维生素和矿物质，对孕妈妈和胎宝宝来说都是必需的营养素。

第8周营养食谱搭配

一日三餐科学合理搭配方案

日常中，一旦孕妈妈发生便秘，要注意多摄入富含膳食纤维的食物，通过饮食进行调理，切记不可自行使用泻药。

早餐

苹果葡萄干粥

主要原料：大米50克，苹果1个，葡萄干20克，蜂蜜适量。

做法：①大米洗净，苹果切成丁。②锅内放入大米、苹果，加适量清水大火煮沸，改用小火熬煮40分钟。食用时加入蜂蜜、葡萄干搅匀即可。

● 营养功效：此粥含丰富的有机酸及膳食纤维，可促进消化，缓解孕期便秘。

午餐

奶香玉米饼

主要原料：鸡蛋黄2个，面粉、玉米粒各100克，淡奶油40克，盐适量。

做法：①将以上原料混在一起，加适量的水，搅拌成糊状。②用平底锅摊成饼即可。

● 营养功效：此饼最大程度地保留了玉米的营养成分，而且容易被吸收。

晚餐

西红柿面片汤

主要原料：西红柿1个，面片100克，熟鹌鹑蛋2个，高汤、盐、香油各适量。

做法：①西红柿在开水中滚一下去皮，切丁。②锅中放少许油，油热后炒香西红柿丁，然后加入高汤，烧开后加入剥去壳的鹌鹑蛋。③加入面片，煮3分钟后，加盐、香油调味即可。

● 营养功效：西红柿面片汤能增进食欲，营养成分可被机体快速吸收。

凉拌空心菜

主要原料：空心菜150克，蒜末、盐、香油各适量。

做法：①空心菜洗净，切段，入沸水中焯烫一下。②蒜末、盐与少量凉开水调匀后，浇入热香油，再和空心菜拌匀即可。

● **营养功效：**空心菜中含多种矿物质及丰富的膳食纤维，有通便的作用。

香菇酿豆腐

主要原料：豆腐300克，鲜香菇3朵，榨菜、酱油、香油、淀粉、盐各适量。

做法：①豆腐洗净，切成小块，中心挖空。②鲜香菇洗净，剁碎；榨菜剁碎。③香菇碎、榨菜碎用油、盐、淀粉搅拌均匀，当作馅料。④将馅料放入豆腐中心，摆在碟上蒸熟，淋上香油、酱油即可。

● **营养功效：**豆腐中含有丰富的钙质，可以和牛奶媲美，是孕妈妈的好食物。而且，豆腐中含有丰富的植物蛋白，更是偏素食孕妈妈的好搭档。

芦笋鸡丝汤

主要原料：鸡肉100克，芦笋6根，鸡蛋清、高汤、淀粉、盐、鸡油各适量。

做法：①鸡肉切丝，用鸡蛋清、盐、淀粉拌匀腌20分钟。②芦笋洗净沥干，切段。③锅中放入高汤，加鸡肉丝、芦笋同煮，待沸后加盐，淋鸡油即可。

● **营养功效：**芦笋含有多种维生素、微量元素及多种氨基酸，能够增强孕妈妈的体力。

孕 3 月
需要精心呵护的小秧苗

本月仍然是容易致畸时期，谨防各种病毒和化学毒物的侵害依然是孕妈妈要特别注意的事情。妊娠反应在第 3 个月会发展到巅峰，先兆性流产也会在此时光顾。所以第 3 个月，尽管距离第 2 个月并不遥远，但还有很多变化，不能不照顾到。

本月胎宝宝发育所需营养素

这个月胎宝宝的各种器官均已成形，神经管开始连接大脑和脊髓，心脏开始分成心房和心室，心跳很快，每分钟可达150次，是孕妈妈的2倍。泡在羊水里的胎宝宝，身上的小尾巴完全消失了，五官形状清晰可辨，还能够区分性别。3个月的胎宝宝对营养的需求还不算大，只要孕妈妈的饮食不是差得很离谱，是不会影响胎宝宝发育的。

营养大本营

本月是胎宝宝大脑和骨骼发育初期，胎宝宝脑细胞发育处于非常活跃的时期。孕 3~6 月是脑细胞迅速增殖的第 1 阶段，称为"脑迅速增长期"。为了适应胎宝宝的发育需求，孕妈妈应多注重镁、维生素 A、碳水化合物和维生素 E 的摄入。

镁　对胎宝宝肌肉和骨骼的健康发育至关重要，研究表明，怀孕最初 3 个月，孕妈妈摄取镁的数量关系到新生儿身高、体重和头围的大小。另外，有些孕妈妈小腿抽筋，医生也会建议补镁，因为镁对钙的吸收有促进作用。

维生素 A　整个孕期，胎宝宝的健康发育都离不开维生素 A。维生素 A 对胎宝宝的皮肤、胃肠道和肺的健康发育尤其重要。怀孕起始的 3 个月，胎宝宝自身还不能储存维生素 A，因此孕妈妈一定要多吃些富含维生素 A 的食物。

碳水化合物和脂肪　是孕妈妈重要的能量来源，可以防止孕妈妈因低血糖而造成的晕倒和意外。这个月的孕妈妈如果实在不愿意吃脂肪类食物，也不必强求自己，食物中普遍含有脂肪。只要孕前做好充分的营养储备，此时大可不必过分担心营养不足。

总是想吃点酸的

想吃点酸的，
橘子、苹果、杨梅……
想想就流口水，
即使以前从来不爱吃酸的，这是为什么呢？

· 怀孕后，孕妈妈体内的滋养细胞会分泌出一种人绒毛膜促性腺激素，该激素有抑制胃酸分泌的作用，使孕妈妈胃酸分泌量明显减少，各种消化酶的活性降低，从而使孕妈妈正常的消化功能受到影响，便出现了恶心、呕吐和食欲缺乏等现象。

· 而酸的食物能够刺激胃的分泌腺，使其分泌出更多的胃液，使消化酶的活性大大提高，促进胃肠蠕动，所以孕妈妈可以吃些酸的食物。

维生素 E 是本月明星营养素

维生素 E 又称为生育酚, 具有保胎、安胎、预防流产的作用, 还有助于胎宝宝的肺部发育。维生素 E 对孕妈妈和胎宝宝都很重要, 日常饮食足以满足孕期每天 14 微克的需求。植物油、坚果和葵花子都含有维生素 E, 没有医生的建议, 不推荐额外补充, 过量摄入反而不利于健康。

维生素 A

动物肝脏
与豆类及豆制品搭配食用
（每周 1 次）

碳水化合物和脂肪

土豆
长芽的土豆有毒
（每周 3 次）

腰果
每次吃四五个腰果
（每周两三次）

维生素 E

小麦胚芽
适合熬粥
（每周两三次）

胡桃
每次吃两三个
（每周 1 次）

松子
不要吃久存的
（每周 1 次）

南瓜子
不要与羊肉同食
（每周 2 次）

镁

葵花子
一次不能吃太多
（每周 2 次）

花生
花生以炖煮为佳
（每周两三次）

南瓜
不可当主食吃
（每周 1 次）

甜瓜
脾胃虚寒者少吃
（每周 1 次）

全麦面包
搭配食用, 营养均衡
（每周 3~5 次）

DHA

黄花鱼
过敏体质者慎食
（每周 1 次）

带鱼
吃新鲜带鱼
（每周 1 次）

鲫鱼
感冒不宜吃鲫鱼
（每周 1 次）

榛子
榛子可生食也可炒食
（每周 1~3 次）

杏仁
选择吃甜杏仁
（每周 1~3 次）

藻类
如海带、紫菜等
（每周 1 次）

妈妈宝宝营养情况速查

维生素 A 广泛存在于动物性食物当中, 尤其在动物肝脏及蛋黄中以及瘦肉等食物中。如果孕妈妈能正常进食, 不偏食、不挑食, 维生素 A 的摄入一般不成问题, 不必过于担心。对于部分素食主义者, 则需要补充维生素 A, 服用剂量应遵医嘱。

孕 3 月饮食原则和重点

目前妊娠反应还在持续，孕妈妈难得有想吃的食物。如果在某个时间有特别想吃的东西，一定要适当多吃些。不想吃东西时，也可以通过喝一些温开水来润润肠胃，也许下一刻"好食欲"就会来临。

吃海带防辐射，这是因为它含有一种被称作海带胶质的物质，可促使侵入人体的放射性物质从肠道排出，孕妈妈可适当食用。

粗细搭配，营养均衡

一般来说，孕妈妈无需忌口，多吃些蛋类、牛奶、鱼、肉、动物肝脏、豆制品、海带、蔬菜、水果等食物，还应粗细粮搭配。这样，既促进食欲，增加了孕妈妈本身的营养需求，又为胎宝宝大脑的发育提供了物质基础。同时，适当的体育锻炼也能促进孕妈妈的食欲。如果胃口好转，可适当加重饭菜滋味，但仍需忌辛辣、过咸、过冷的食物，以清淡、营养的食物为主。

想吃什么就吃什么

孕妈妈这个月的妊娠反应会更强烈一些，猛烈的呕吐、胃部不适等会严重影响食欲。孕妈妈为了胎宝宝着想也一定要坚持吃饭，这时候不用忌口，想吃什么就吃什么，但要尽量避免食用辛辣、油腻的食物，以清淡、营养为宜。平时可吃一些富含维生素 E 的坚果，如核桃、葵花子，为胎宝宝的大脑发育准备充足的营养。

用正确的方法缓解"害喜"症状

如果害喜了，千万不要特吃猛吃，或者用不当的方法抑制想吐的感觉，采用正确的方法才能真正缓解害喜，多吃的那些食物只会给你的身体带来更大的负担。建议孕妈妈可以把姜汁加热开水稀释，再加一点白糖，温热服用可缓解。

花样汤粥养胃口

味道清淡的汤粥比较不容易引起孕妈妈的呕吐感，汤粥里可以加些青菜、水果或者坚果，各式各样的汤粥能为孕妈妈补充水分和营养，在孕初期可以经常食用。

孕 3 月饮食宜忌

孕 3 月，胎宝宝还比较脆弱，如果不小心吃到令他感到不舒服的东西，会给他的健康带来一定的影响。所以孕妈妈要谨遵孕期饮食原则和重点，了解孕期饮食宜忌，这样才能安安心心地过好孕期每一天。

孕妈妈宜正确吃酸

为了缓解妊娠不适症状，孕妈妈可以吃些酸的食物，吃酸是非常好的缓解不适的办法。如多吃些柑橘、杨梅等酸性的水果，对自身和胎宝宝都是大有好处的。

因为酸的食物能够刺激胃的分泌腺，使其分泌出更多的胃液，使消化酶的活性大大提高，促进胃肠蠕动，这样就起到了开胃的效果。

但孕妈妈一定要注意不宜多吃酸。由于怀孕早期胎宝宝耐酸度低，母体摄入过量的加工过的酸味食物，会影响胚胎细胞的正常分裂增生，诱发遗传物质突变，容易致畸。可改食无害的天然酸性食物，如西红柿、樱桃、葡萄等。

宜多吃抗辐射的食物

日常生活中，我们常接触到产生辐射的电器，如手机、电视机、电脑、微波炉、冰箱等。作为孕妈妈，除了要避免与电磁波"亲密接触"外，在饮食上适当摄入一些能够抗氧化、提高免疫功能的食物，对自己和胎宝宝都有好处。

孕妈妈应多吃富含优质蛋白质、磷脂、B 族维生素的食物。如海带、木耳、油菜、青菜、芥菜、圆白菜、胡萝卜、蘑菇，以及豆类、海产品等。

生活中怎么远离辐射

高科技社会对孕妈妈影响最大的就是辐射，所以远离辐射源是安全和必要的。如每天操作电脑和看电视不超过 2 小时，不要长时间操作复印机，如有必要，穿上孕妇防辐射服。

最好远离家里的电器，如电磁炉、微波炉、电烤箱等。

少用手机，不要长时间通话，接听时用耳机，不用时最好关机，平时放置在离自己至少 3 米远的地方。

葡萄含有丰富的铁元素，且容易被人体消化吸收，可以预防孕妈妈贫血；但吃完葡萄后不能立即喝水或牛奶，容易引起腹泻，最好在 30 分钟以后再喝。

宜多吃粗粮

粗粮主要包括谷类中的玉米、紫米、高粱、燕麦、荞麦、麦麸，以及豆类中的大豆、青豆、红豆、绿豆等。由于加工简单，粗粮中保存了许多细粮中没有的营养。粗粮中含有比细粮更多的蛋白质、脂肪、维生素、矿物质及膳食纤维，对孕妈妈和胎宝宝来说非常有益。孕妈妈应尽可能以粗粮作为谷类的主要来源，少吃精制大米和精制面。

宜多补充"脑黄金"

DHA 和 EPA 对大脑细胞，特别是神经传导系统的生长、发育起着重要的作用，因此 DHA、EPA、脑磷脂和卵磷脂等物质合在一起，被称为"脑黄金"。孕妈妈应多吃些富含此类物质的食物，如核桃等。

宜每周吃 2~4 次猪肝

猪肝富含铁和维生素 A。为使猪肝中的铁更好地被吸收，建议孕妈妈坚持少量多次的原则，每周吃 2~4 次，每次吃 25~30 克。因为大部分营养素摄入量越大，则吸收率越低，所以不要一次大量食用。

怎么怀孕后嘴里总有怪怪的味道

孕妈妈是不是觉得嘴里总是味道怪怪的，特别是吃了甜的食物之后感觉嘴里没什么味道了，甚至有时候吃完了甜的食物后嘴里还有冒酸水的感觉。

这是孕妈妈胃火盛导致的，所以嘴里就会有怪味道，可以多吃些水果，注意要少吃容易上火的食物，而且饮食一定要清淡，但不可以盲目地败火。

多数孕妈妈喜欢吃酸的食物，吃水果的时候可选择味道酸的，不但可以开胃、减轻孕吐的症状，还可以减轻嘴里的怪味，如用柠檬榨汁或做柠檬茶，还可以用紫苏、陈皮、梅子来煮调食物，这些都是相当开胃下饭的食物。

核桃中的不饱和脂肪酸和多种矿物质能滋养脑细胞，促进脑细胞分化增殖。孕妈妈适量吃些核桃，对神经系统正处在分化阶段的胎宝宝非常有利。

✖ 不宜多吃荔枝

孕妈妈在怀孕之后，体质一般偏热。荔枝属于热性水果，孕妈妈多吃容易产生便秘、口舌生疮等上火症状，尤其是有先兆流产的孕妈妈更应谨慎，因为多吃易引起胎动不安。

从西医营养学角度来说，荔枝在水果中属含糖量较高的。过量食用会加重孕妈妈胰腺负担，也容易导致体重超标，所以孕妈妈不要吃太多荔枝。

✖ 不宜吃生食和不新鲜的食物

有些孕妈妈喜欢吃寿司、生鱼片，那么怀孕之后应该戒掉了。生鱼、生肉、生鸡蛋以及未煮熟的鱼、肉、蛋等食物，不仅营养不易吸收，而且细菌未被全部杀死，对孕妈妈和胎宝宝的健康会造成威胁。除此之外，孕妈妈也不宜吃不新鲜的食物。不能确认的野生菌类，以及变质或久放的水果、蔬菜等也不宜吃。在饮食中把好关，才能孕育出健康的宝宝。

✖ 不宜急着节食控制体重

随着怀孕日期的增加，孕妈妈的体重也在增加，这是很正常的现象，不同于一般的肥胖。整个孕期和分娩过程都需要一定能量，主要靠孕妈妈在日常饮食中一点一点吸收、储备。能量储备表现为脂肪增多，也就是说孕妈妈看起来变胖了。一般情况下，现在增加的体重在产后能逐渐恢复到孕前，所以孕妈妈不必急着减肥。

✖ 不宜多吃西瓜

适量吃西瓜可以利尿，但吃太多容易造成水分流失。饭后吃一两块就够了。胎动不安和有先兆流产的孕妈妈要忌吃。

西瓜可以生津止渴，除腻消烦，对止吐有较好的效果，在炎热的夏季孕妈妈可适量吃些。但不可食用冰箱冷藏的西瓜，以免引起腹痛，威胁胎宝宝的健康。

孕早期孕妈妈即使孕吐反应大，喜欢吃味道酸的水果也不要选择山楂，山楂有破血散瘀的作用，可诱发流产。

❌ 不宜过多食用山楂

很多孕妈妈喜欢吃酸味的食物，山楂往往是首选，因为山楂不但酸味纯正，还有缓解恶心、促进食欲的作用。另外，中医也把山楂作为消食化积的食疗佳品。

但同时中医理论还认为山楂有促进子宫收缩的作用，一次性大量摄入山楂会有引起宫缩甚至流产的风险。目前肯定或否定此理论均没有严谨的科学依据，所以保险起见还是建议不要一次性吃大量的山楂。

想吃酸味食物的孕妈妈可以选择多种酸味食物，特别是葡萄、苹果、樱桃、杨梅等新鲜水果变换、搭配食用。

❌ 不宜吃腌制食品

腌制食品(如香肠、腌肉、熏鱼、熏肉等)中含有可导致胎宝宝畸形的亚硝胺，所以孕妈妈不宜多吃这类食物，最好是不吃。另外，这类食物营养不丰富，维生素损失较多，且容易滋生细菌，会影响孕妈妈和胎宝宝的健康。同样，各种咸菜、咸甜菜肴和其他过咸的食物也尽量少吃，逐渐养成清淡口味习惯，还能减少孕期水肿和高血压的风险。

❌ 不宜吃罐头食品

任何危害到胎宝宝的食品孕妈妈都应尽量少吃或者不吃。即便是美味可口的罐头食品，孕妈妈也要主动克制，尽量远离。在罐头的生产过程中，往往加入一定量的食品添加剂，如甜味剂、香精等，这些人工合成的化学物质会对胚胎组织造成一定的损伤，容易导致畸形。另外，罐头食品在制作、运输、存放过程中如果消毒不彻底或者密封不好，就会造成细菌污染，产生对人体有害的毒性物质，孕妈妈误食后可能发生食物中毒，后果严重。

❌ 不宜吃螃蟹和甲鱼

中医理论认为，螃蟹和甲鱼都属于性质寒凉的食物，有活血祛瘀的功效。而这种"通血络、散瘀块"的功效同时有堕胎的作用，尤其是蟹爪和鳖甲。这些都是传统的说法，目前并没有得到临床实验的证实。建议大家不必过分紧张，但保险起见，孕妈妈不要一次性大量摄入上述食物。

❌ 忌吃烤牛羊肉

香飘四溢、外焦里嫩的烤肉总能让孕妈妈的胃口好起来。然而，烤焦的外表中含有致癌物质，而里面生鲜的牛羊肉可能含有弓形虫，孕妈妈一旦感染会严重损害胎宝宝。孕妈妈可别为了自己一时的口舌之欲而给宝宝留下遗憾。

❌ 忌吃被霉菌和霉菌毒素污染的食物

未经彻底干燥的食物存放时，可能有霉菌生长繁殖，有些霉菌可产生毒素污染食物，常见的有黄曲霉毒素、红曲霉毒素、青梅毒素、镰刀菌素等。除急性毒性外，孕妈妈食用后，还能诱发胎儿畸形，主要有露脑、耳或下颌不正常、肌疝、无眼、唇裂等。所以，孕妈妈对霉变食物要万分小心，不能食用未经检验的自制花生油、花生酱。

发芽的土豆还能吃吗

土豆放久了会发芽，发芽的土豆可引起食物中毒，这一点早已为人们所知。但虽未发芽，可储存时间很长的土豆对人体也有一定的危害，孕妈妈尤其要注意这一点。

土豆中含有生物碱，存放越久的土豆生物碱含量越高，食用这种土豆可影响胎宝宝正常发育，严重的可能致胎宝宝畸形。当然，人的个体差异很大，并非每个人食用长期储存的土豆后都会出现异常，但孕妈妈还是不吃为好。

螃蟹有活血化瘀的功效，可使胎气不安，起到动胎作用，也因此可能导致流产，孕妈妈最好不要吃。

第 9 周营养食谱搭配

一日三餐科学合理搭配方案

本周孕妈妈可以不必像常人那样强调饮食的规律性，采取少吃多餐的方法，随时补充能量即可。

早餐

牛奶馒头

主要原料：面粉 200 克，鲜牛奶半袋 (约 125 毫升)，白糖、发酵粉各适量。

做法：①面粉中加鲜牛奶、白糖、发酵粉和成面团。②发好的面团搓成圆柱，切成小块，放入锅中蒸熟即可。

● 营养功效：这道主食富含碳水化合物和蛋白质，可帮孕妈妈补充能量。

午餐

鸡蓉玉米羹

主要原料：鸡肉 100 克，玉米粒 50 克，鸡蛋 1 个，盐适量。

做法：①鸡肉洗净，切成玉米粒大小的丁；鸡蛋打散成蛋液。②把玉米粒、鸡肉丁放入锅内，加清水大火煮开，并撇去浮沫。③将蛋液沿着锅边倒入，一边倒一边搅动，烧开后加盐即可。

● 营养功效：玉米中富含谷氨酸、维生素 E 等多种营养成分，具有促进胎宝宝大脑发育的作用。

晚餐

南瓜饼

主要原料：南瓜、糯米粉各 250 克，白糖、红豆沙各适量。

做法：①南瓜去子洗净，包上保鲜膜，用微波炉加热 10 分钟左右，用勺子挖出南瓜肉，加糯米粉、白糖，和成面团。②将红豆沙搓成小圆球，面团分成小份，包入豆沙馅成饼胚，可在饼胚表面刻上南瓜纹，蒸 10 分钟即可。

● 营养功效：南瓜含淀粉、蛋白质、胡萝卜素、维生素 B、维生素 C 和钙、磷等成分，能润肺益气，解毒，止呕，治便秘，还有利尿的作用。

圆白菜牛奶羹

主要原料： 圆白菜 200 克，菠菜 50 克，面粉、黄油、牛奶、盐各适量。

做法： ① 菠菜和圆白菜洗净，切碎，放入开水锅中焯烫。② 用黄油在锅里将面粉炒好，然后加入牛奶煮，并轻轻搅动，再加入焯烫过的菠菜和圆白菜即可。

● **营养功效：** 圆白菜很爽口，而且富含膳食纤维，可预防孕期便秘。

葱爆酸甜牛肉

主要原料： 牛里脊肉 500 克，大葱 350 克，彩椒丝、香油、料酒、酱油、姜丝、胡椒粉、米醋、白糖各适量。

做法： ① 将牛里脊肉洗净，剔去筋膜，顶着肉纹切成大薄片；大葱去根、去黄叶，洗净，切成斜片。② 将牛里脊肉片放碗中，加料酒、酱油、胡椒粉、白糖、姜丝抓匀，再用香油拌匀。③ 炒锅上旺火烧热，放油烧至八成热，下牛里脊肉片、葱片、彩椒丝，迅速搅炒至肉片断血色，滴入米醋再炒片刻，起锅装盘即成。

● **营养功效：** 此道菜葱香肉嫩，咸鲜可口。牛肉中蛋白质的含量较高，但脂肪含量很低，味道鲜美，很适合孕妈妈来补充热能。

香菇鸡汤

主要原料： 鸡腿 100 克，鲜香菇 4 朵，红枣 3 颗，姜片、盐各适量。

做法： ① 将鸡腿洗净剁成小块，与姜片一起放入砂锅中，加适量清水烧开。② 将鲜香菇、红枣放入砂锅中，用小火煮。③ 待鸡肉熟烂后，放入盐调味即可。

● **营养功效：** 鸡腿肉中维生素、矿物质含量丰富，可使孕妈妈身体更强壮。

第 10 周营养食谱搭配

一日三餐科学合理搭配方案

本周开始，进入了胎宝宝的"脑迅速增长期"，孕妈妈要特别注意从饮食中摄取一些促进脑细胞发育的营养成分，适当吃些核桃、鱼类、蛋类等。

早餐 五谷豆浆

主要原料： 黄豆 40 克，大米、小米、小麦仁、玉米渣各 10 克，白糖适量。

做法： ①黄豆洗净，水中浸泡 10~12 小时。②大米、小米、小麦仁、玉米渣和泡好的黄豆放入全自动豆浆机中，加清水做成豆浆，最后加白糖调味。

● 营养功效：五谷豆浆中富含膳食纤维，有预防便秘的作用。

午餐 红烧鲤鱼

主要原料： 鲤鱼 500 克，盐、料酒、酱油、葱段、姜片、白糖各适量。

做法： ①鲤鱼处理干净，切块，放盐、料酒、酱油腌制。②油锅烧热，将鲤鱼块逐个放入油锅，炸至棕黄色起壳时，捞出。③另起油锅，爆香葱段、姜片，倒入炸好的鲤鱼块，加水漫过鱼面，再加酱油、白糖、料酒，大火煮沸后改小火煮，使鱼入味。

● 营养功效：鲤鱼蛋白质含量高，且易被机体消化吸收，适合孕妈妈食用。

晚餐 鸡蛋炒饭

主要原料： 熟米饭 200 克，鸡蛋 1 个，酱油、盐、葱、香菜各适量。

做法： ①葱、香菜均洗净，去根、切末；鸡蛋打散炒熟备用。②油锅烧热，爆香葱末，放入炒好的鸡蛋，加入米饭及酱油、盐炒匀，盛入盘中，撒上香菜末即可。

● 营养功效：此饭健脑补钙，味道鲜香，营养均衡，适合孕妈妈食用。

菠菜胡萝卜蛋饼

主要原料： 胡萝卜、面粉各 100 克，菠菜 50 克，鸡蛋 1 个，盐适量。

做法： ① 胡萝卜切丝，菠菜切段用热水烫一下。② 将菠菜、胡萝卜丝和面粉放在盆中，加入盐、鸡蛋，添水搅拌成糊状。③ 平底锅放油，将面糊倒入，小火慢煎，两面翻烙，直到面饼呈金黄色至熟，关火，将饼切成小块儿食用即可。

● 营养功效：菠菜、胡萝卜中都富含胡萝卜素，鸡蛋中富含钙、磷、蛋白质等，是孕妈妈应当摄取的"营养宝库"。

拌西红柿黄瓜

主要原料： 西红柿 1 个，黄瓜 80 克，白糖、香油、盐各适量。

做法： ① 将西红柿洗净，用开水烫后去皮，切成块。② 将黄瓜切成片（可事先用开水烫一下）。③ 将西红柿、黄瓜装入盆或碗中，放入盐、白糖、香油，拌匀即成。

● 营养功效：拌西红柿黄瓜味道酸甜可口，宜作为保健食品，特别适合孕妈妈食用。

木耳红枣汤

主要原料： 猪里脊肉 100 克，木耳 10 克，红枣 8 颗，料酒 1 大勺，姜片、盐各适量。

做法： ① 先将猪里脊肉洗净切成丝。② 将木耳泡发后去掉根部，洗净，切成块；红枣洗净，去掉枣核。③ 锅中放水，把猪里脊肉丝、木耳、红枣、姜片一起放入锅中。④ 加料酒，用大火烧开，再转小火煮 20 分钟。⑤ 用勺撇去汤表面的浮沫，最后加盐调味即可。

● 营养功效：木耳中含有锰，可以强健孕妈妈的骨骼，还具有抗疲劳的作用。

第 11 周营养食谱搭配

一日三餐科学合理搭配方案

胎宝宝进入了快速生长的时期，为适应他身体成长的需要，孕妈妈应保持膳食平衡，从食物中摄取多种营养成分。

早餐

山药黑芝麻糊

主要原料：山药 60 克，黑芝麻 50 克，白糖适量。

做法：① 黑芝麻炒香，研成细粉。② 山药放入干锅中烘干，打成细粉。③ 锅内加适量水，烧沸后放入黑芝麻粉和山药粉，同时放入白糖煮熟。

● 营养功效：山药富含多种维生素，可促进胎宝宝的健康发育。

午餐

土豆烧牛肉

主要原料：牛肉 150 克，土豆 100 克，盐、酱油、葱段、姜片各适量。

做法：① 土豆去皮，切块；牛肉洗净，切成滚刀块，放入沸水锅中焯透。② 油锅烧热，下牛肉块、葱段、姜片煸炒出香味，加盐、酱油和适量水，汤沸时撇净浮沫，改小火炖约 1 小时，最后下土豆块炖熟。

● 营养功效：此菜富含碳水化合物、维生素 E、铁等营养成分，对贫血的孕妈妈有一定益处。

晚餐

杂粮皮蛋瘦肉粥

主要原料：小米、黑糯米、胚芽、糙米共 100 克，鸡蛋、皮蛋各 1 个，水发香菇 2 朵，猪肉 100 克，虾皮、盐各适量。

做法：① 小米、黑糯米、胚芽、糙米洗净，煮熟备用。② 皮蛋去壳切块；水发香菇洗净切丁；猪肉也切丁；③ 炒锅中放油烧热，倒入香菇、虾皮爆香，加水煮开。④ 放入煮熟的杂粮粥主料、猪肉丁和皮蛋，煮熟后加上打散的鸡蛋、盐即可。

● 营养功效：可增加膳食纤维的摄取量，有助肠胃的蠕动消化和营养吸收。

银耳拌豆芽

主要原料: 绿豆芽 200 克, 银耳、青椒各 50 克, 香油、盐各适量。

做法: ①绿豆芽去根, 洗净, 沥干。②银耳用水泡发, 洗净; 青椒洗净, 切丝。③锅中加水烧开, 将绿豆芽和青椒丝焯熟, 捞出晾凉。④银耳放入开水中焯熟, 捞出过凉水, 沥干。⑤将绿豆芽、青椒丝、银耳放入盘中, 放入香油、盐, 搅拌均匀即可。

- 营养功效: 绿豆芽、青椒含有丰富的维生素 C 和胡萝卜素, 有利于减轻孕妈妈的孕吐反应, 促进胎宝宝的营养吸收。

鸡蛋时蔬沙拉

主要原料: 鸡蛋 2 个, 西红柿 1 个, 生菜 1 棵, 洋葱、苹果各半个, 沙拉酱适量。

做法: ①鸡蛋放入冷水锅中, 大火烧开后, 继续煮 8~10 分钟。②鸡蛋煮好后, 过冷水, 剥去蛋壳, 对半切。③西红柿、洋葱洗净, 切块; 生菜洗净, 撕片; 苹果洗净, 切丁。④将所有材料放入碗中, 倒入沙拉酱, 搅拌均匀即可。

- 营养功效: 夏天的时候, 孕妈妈的胃口会因为炎热的天气变得很糟。这款鸡蛋时蔬沙拉可以让孕妈妈眼前一亮, 胃口也好了很多。

虾仁豆腐

主要原料: 虾仁 100 克, 豆腐 300 克, 鸡蛋 1 个, 水淀粉、香油、葱、姜、盐各适量。

做法: ①将蛋黄打入碗中, 蛋清备用。②豆腐切丁, 放入开水中焯一下, 捞出沥干。③将虾仁处理干净, 放入少许盐、水淀粉、蛋清上浆。④葱、姜切末, 和水淀粉、香油一同放入小碗中, 调成芡汁。⑤油锅烧热, 放入虾仁炒熟, 再放入豆腐丁同炒。⑥出锅前倒入芡汁, 放盐后翻炒均匀即可。

- 营养功效: 虾富含蛋白质以及钙、磷等矿物质, 是孕妈妈补充蛋白质和钙的营养美食。

早餐

胡萝卜小米粥

主要原料: 胡萝卜 50 克,小米 30 克。

做法: ① 胡萝卜洗净,切成块;小米淘洗干净,备用。② 将胡萝卜块和小米一同放入锅内,加清水大火煮沸。③ 转小火煮至胡萝卜绵软,小米开花即可。

● 营养功效: 此粥富含维生素,可促进孕妈妈皮肤的新陈代谢。

午餐

糯米香菇饭

主要原料: 糯米 400 克,猪里脊肉 100 克,鲜香菇 6 朵,油菜心、姜末、虾仁、料酒、盐、酱油各适量。

做法: ① 糯米用清水浸泡一夜;油菜心、猪里脊肉、鲜香菇均洗净;猪里脊肉切丝,香菇划丝,虾仁备用。② 在电饭煲中倒入少量油,油热后,放入姜末、猪里脊肉,炒至变色,放虾仁、香菇、油菜心、料酒、酱油、盐,然后倒入糯米,加水蒸熟即可。

● 营养功效: 糯米含有丰富的矿物质,是孕妈妈补充矿物质的极佳食物。

晚餐

肉片粉丝汤

主要原料: 牛肉 100 克,粉丝 50 克,盐、葱末、料酒、淀粉、香油各适量。

做法: ① 将粉丝放入温水中,泡发;牛肉切薄片,加淀粉、料酒、盐拌匀,腌制 10 分钟。② 锅中加适量清水,烧沸,放入牛肉片,略煮后放入粉丝,煮熟后放盐调味,淋上香油,撒上葱末即可。

● 营养功效: 牛肉富含蛋白质,可提高孕妈妈的免疫力。

凉拌素什锦

主要原料: 粉丝、海带丝、胡萝卜、豆腐干、莴苣、洋葱各 30 克,芹菜 50 克,竹笋 1 根、盐、白糖、香油、酱油各适量。

做法: ①竹笋、海带丝、粉丝用热水焯一下。②豆腐干、胡萝卜、莴苣、芹菜、洋葱切丝,全部放入盘中,加所有调味料拌匀即可。

● 营养功效: 营养全面, 为孕妈妈和胎宝宝补充足够的碘和维生素。

鱼香猪肝

主要原料: 猪肝 100 克,木耳、莴苣各 50 克,泡辣椒、姜片、葱片、盐、醋、白糖、淀粉各适量。

做法: ①猪肝洗净,切片,加淀粉、盐、醋、白糖、姜片、葱片腌制。②木耳泡发后洗净,莴苣洗净切片。③锅中放入油,放入泡辣椒,将猪肝滑入锅中迅速炒散,再立即放入木耳和莴苣翻炒。

● 营养功效: 动物肝脏富含维生素 A、叶酸和铁, 可促进胎宝宝生长发育。

四色什锦

主要原料: 胡萝卜、金针菇各 100 克,木耳、蒜薹各 30 克,葱、姜、白糖、醋、香油、盐各适量。

做法: ①金针菇去根,洗净,焯烫;蒜薹洗净,切段。②胡萝卜洗净,切丝;木耳洗净,撕成小朵;葱、姜切末。③油锅烧热,放入葱末、姜末炒香,然后放入胡萝卜丝、蒜薹段,翻炒片刻后,放入木耳翻炒,加白糖、盐调味。④放入金针菇,翻炒几下,淋上醋、香油即可。

● 营养功效: 这道菜让喜欢吃胡萝卜的孕妈妈大饱口福。

第12周营养食谱搭配

一日三餐科学合理搭配方案

此时，要注意防晒，减少黑色素的沉积。孕妈妈还要补充足够的钙，多吃鱼类，这对胎宝宝的视力发育有利。

早餐

牛奶核桃粥

主要原料：大米50克，核桃仁30克，鲜牛奶300毫升，白糖适量。

做法：①将大米淘洗干净，加入适量水，放入核桃仁，中火熬煮30分钟。②倒入鲜牛奶，沸腾之后即可，食用时根据个人口味加入白糖即可。

● 营养功效：鲜牛奶与核桃搭配，营养丰富而全面，是孕妈妈的滋补佳品。

午餐

虾仁蛋炒饭

主要原料：熟米饭100克，鲜香菇3朵，虾仁30克，胡萝卜半根，鸡蛋1个，盐、料酒、葱花、蒜末各适量。

做法：①香菇去蒂，洗净切丁；胡萝卜洗净切丁；虾仁加入料酒腌5分钟；鸡蛋打入碗中备用。②锅倒油，烧热，放入鸡蛋液迅速炒散成蛋花，盛出备用。③锅中倒油，下蒜末炒香，倒入虾仁翻炒至七成熟，倒入香菇丁、胡萝卜丁、米饭，拌炒均匀；再加入盐，撒上葱花，翻炒几下入味即可。

● 营养功效：虾仁含钙高，肉质松软易消化，与其他食材搭配营养丰富。此炒饭有利于胎宝宝骨骼和肌肉生长。

晚餐

阳春面

主要原料：面条100克，洋葱50克，香葱1根，香油、盐各适量。

做法：①洋葱切片，香葱切碎末。②油锅烧热，放入洋葱片，炒葱油。③将面条煮熟，然后在盛面的碗中放入1勺葱油，放入盐。④煮熟的面条挑入碗中，淋入香油，撒上香葱末即可。

● 营养功效：阳春面营养丰富而全面，孕妈妈常吃对胎宝宝脑细胞的发育有利。

芝麻拌菠菜

主要原料： 菠菜 300 克，芝麻 1 大勺，盐、香油、醋、白糖各适量。

做法： ①芝麻放入炒锅中炒香，火要小，稍有香味即可，不要炒煳了。②菠菜洗净切大段，锅中放入适量水和盐，烧滚后放入菠菜焯熟，捞出后放入凉水中，捞出沥干。最后用芝麻、盐、香油、醋和白糖将菠菜拌匀。

● **营养功效：** 菠菜可以补铁，预防贫血；芝麻含多种维生素，有益于胎宝宝的智力发育。

小黄鱼汤

主要原料： 小黄鱼 8 条，雪菜、肉汤、盐、水淀粉、葱姜末、香油各适量。

做法： ①小黄鱼处理干净，加盐、水淀粉腌一会儿；雪菜洗净、切末。②炒锅倒油烧至七成热时，放入小黄鱼煎至两面变黄，捞出控油。③锅内留底油，将葱姜末、雪菜末稍微煸炒一会儿，放入肉汤，烧沸后放入小黄鱼，再次烧沸后加香油即可。

● **营养功效：** 黄鱼富含蛋白质、矿物质和维生素，对孕妈妈有补益作用。另外，黄鱼含有丰富的矿物质硒，能有效清除人体代谢的垃圾。

鸡丁烧鲜贝

主要原料： 鸡胸肉 150 克，鲜贝 125 克，鸡蛋 1 个，冬笋 15 克，鲜香菇 2 朵，葱末、姜丝、盐、料酒、高汤、淀粉各适量。

做法： ①鸡胸肉、冬笋、香菇切丁；鲜贝切开，焯烫。②碗中放鸡蛋清、淀粉和少许水，调成稠糊，放入鸡丁，抓匀。③油锅烧热，放入鸡丁，炒至八成熟时捞出。④锅内留少许油，加葱末、姜丝炝锅，放入冬笋、香菇、鲜贝，翻炒几下，再放盐、料酒、高汤，开锅后，加入鸡丁，翻炒几下，用淀粉勾芡即成。

● **营养功效：** 此菜呈银白色，吃起来味道鲜、香、嫩。

孕4月
阳光雨露下 茁壮成长

开始进入孕中期了，孕妈妈的子宫也变大许多，但周围的人还不太容易看出你怀孕了。还有更高兴的事情，从现在开始，流产的危险性已经减小了很多，早孕症状也开始减轻，晨吐趋于平静，胃酸代替了恶心。

虽然孕妈妈的胃口好了，但是也不能想吃多少就吃多少，要知道，孕期营养贵在平衡与合理，不是吃得越多越好。建议孕妈妈在饮食上不要过多地补充热量，注意做到膳食结构合理平衡，一日三餐有节，要常吃些富含维生素 A、维生素 C及叶酸的蔬菜和水果。

本月胎宝宝发育所需营养素

这个月，胎宝宝的头渐渐伸直，胎毛、头发、乳牙也迅速增长，有时还会出现吮吸手指、做鬼脸等动作。胎宝宝的大脑明显地分成了6个区，皮肤逐渐变厚而不再透明。到16周末，胎宝宝身长达18厘米，体重达160克。孕4月是胎宝宝大脑迅速发育的时期，如果孕妈妈摄入的营养素不足，胎宝宝就会同母体抢夺营养。因此，孕妈妈一定要保证营养充足。

营养大本营

胎宝宝 4 个月时，发育加快，需要有足够的营养物质。孕 4 月营养重点为碘、多种维生素、β - 胡萝卜素、脂肪、钙。

碘　碘是甲状腺素的重要成分。从本月开始，宝宝的甲状腺开始起作用，能够自己制造激素了。甲状腺功能活跃时，碘的需求量增加。甲状腺素能促进蛋白质的生物合成，促进胎宝宝生长发育。孕期母体摄入碘不足，可造成胎宝宝甲状腺激素缺乏，使胎宝宝发育期大脑皮质中主管语言、听觉和智力的部分不能得到完全分化和发育，出生后甲状腺功能低下。

维生素　为了帮助孕妈妈对铁、钙、磷等营养素的吸收，孕 4 月要相应地增加维生素 A、维生素 B_1、维生素 B_2、维生素 C、维生素 D 和维生素 E 的供给。维生素 D 有促进钙吸收的作用，故每天的维生素 D 需求量为 10 微克。

脂肪　孕妈妈需要在孕期为胎宝宝的发育储备足够的脂肪。本月因胎宝宝进入急速生长阶段，孕妈妈应格外关注脂肪的补充。如果缺乏，孕妈妈可能发生脂溶性维生素缺乏症，引起肝脏、肾脏、神经和视觉方面的多种疾病，并可影响胎宝宝心血管和神经系统的发育和成熟。

适当多吃粗粮

现在精加工的食物太多了，
而粗粮保存了许多细粮中没有的营养，
所以怀孕后更要吃粗粮，
但孕妈妈需注意，吃粗粮也有讲究。

· 由于粗粮中含有的膳食纤维和植酸较多，如果每天摄入膳食纤维超过 50 克，而且长期食用，会使人体的蛋白质补充受阻，脂肪利用率降低，损害骨骼、心脏、血液等脏器功能，降低人体的免疫能力。

· 所以，粗粮不能长期充当每天的主食。

β-胡萝卜素是本月明星营养素

本月胎宝宝腿的长度会超过胳膊，这就意味着孕妈妈应适当摄入 β-胡萝卜素了。β-胡萝卜素可以在体内生成维生素A，能够促进胎宝宝的骨骼发育，有助于细胞、黏膜组织、皮肤的正常生长，还能保障胎宝宝和孕妈妈的细胞与组织生长。

母体缺乏 β-胡萝卜素会直接影响胎宝宝的心智发育，还会增加胎宝宝的患病率，易使新生儿出现反复性的气管、支气管等呼吸道炎症和肺部炎症。

妈妈宝宝营养情况速查

从这个月开始，孕妈妈每天至少要摄入 250 毫升的牛奶及乳制品或者补充 300 毫克的钙，以满足钙的需要。

脂肪

动物内脏
搭配绿色蔬菜
（每周 1 次）

碘

海虾
虾不宜与葡萄一起食用
（每周 1 次）

海蜇
可与木耳搭配
（每月一两次）

多种维生素

葡萄
吃葡萄最好不吐皮
（每周 1 次）

茄子
维生素含量高
（每周一两次）

橙子
吃完及时漱口
（每天 1 个）

西红柿
西红柿可当水果吃
（每周 2~4 次）

钙和维生素D

虾皮
用水泡 10 分钟食用
（每周一两次）

燕麦
宜煮食
（每周一两次）

芝麻酱
每次食用 10 克左右
（每周 1 次）

酸奶
饭后喝
（每天 250 毫升）

沙丁鱼
可蒸、炖
（每周 1 次）

β-胡萝卜素

胡萝卜
炒时不要加醋
（每周 1 次）

豌豆苗
现买现吃
（每周 1 次）

哈密瓜
一次不宜吃太多
（每周 1 次）

芒果
过敏者不要吃
（每周 2 次）

红薯
红薯一定要蒸熟
（每周 1 次）

藻类
如海带、紫菜等
（每周 1 次）

孕 4 月饮食原则和重点

有些孕妈妈的妊娠反应已明显减轻或消失，可以全面摄入各种营养了，但此时切忌暴饮暴食。现在是胎宝宝长牙根的时期，对钙的需求量增加，豆腐、西蓝花和奶制品等都是很好的钙质来源，孕妈妈可以自由选择，烹饪时按自己的口味做。

白萝卜含有丰富的维生素和膳食纤维，可以帮助孕妈妈利尿通便，缓解水肿和便秘；孕妈妈可以用水与白萝卜同煮，煮熟后，取萝卜水，放入白糖饮用，方便又简单。

多吃蔬果多喝水，预防胀气

在不合时宜的场合打嗝和排气是令人非常尴尬的事，但对孕妈妈而言却是难免的。

富含维生素和膳食纤维的蔬菜、水果可以多吃一些，能减轻胀气。淀粉类、面食类、豆类这些易产气且容易使肠胃不适的食物，可减少摄入。洋葱、白萝卜、香蕉等也易产气，食用要适量。

如果大肠内粪便一直堆积，胀气就会更加严重，所以必须要有足够的水分，促进排便。建议孕妈妈多喝温开水，不要喝冷水，冷水会造成肠绞痛，并使子宫收缩。

饮食要有节制

"折腾"孕妈妈的孕吐反应到了这个月终于有所缓解，孕妈妈的胃口慢慢好起来了，有点吃嘛嘛香的感觉。但此时进食有一个原则：再好吃、再有营养的食物都不要一次吃得过多、过饱，或一连几天大量食用同一种食物。

要知道，孕期营养贵在平衡与合理，不是吃得越多越好，胖不等于健康，如果过度肥胖会危及胎宝宝和自身的健康。

建议孕妈妈在饮食上，除每天应增加一定的热量外，不要过多地补充热量。注意做到膳食结构合理平衡，一日三餐吃饭有节制。孕妈妈的体重以每周增加0.5 千克为宜，到足月分娩前增加9~11 千克较为适宜。

孕 4 月饮食宜忌

孕 4 月，胎盘已经形成，胎宝宝的各个器官组织迅速生长发育，包括骨骼、五官、牙齿、四肢等，大脑也进一步发育，对营养的需求也随之增加，孕妈妈千万不可忽视营养素的补充。此时，孕妈妈已经度过了孕早期，开始进入较安全的孕中期，孕妈妈的胃口大开，这时要充分摄入含各种维生素的食物，以保证营养素的充分吸收。

✅ 宜控制体重，适当调节饮食

从孕 4 月到孕 7 月，孕妈妈的体重增长迅速，胎宝宝也在迅速成长。很多孕妈妈的体重会超标，有的孕妈妈还会出现妊娠高血压、妊娠糖尿病等症状。因此，孕妈妈应经常称体重，发现体重增长过快时，要减少高脂、高糖、高热量食物的摄入，主食要注意米面、粗粮搭配，副食要全面多样，注意荤素搭配。

✅ 宜适量吃点大蒜

大蒜有较强的杀菌作用，孕妈妈常吃可以预防感冒的发生。

感冒是孕期需预防的重要疾病之一，因为感冒时，致病菌有可能随血液侵入胎盘，给胎宝宝的健康带来危害。患病严重时，孕妈妈服用的药物也会进入到胎宝体内，影响胎宝宝的发育。如果孕中期或孕晚期患上严重感冒，则有可能导致流产、早产现象的发生。所以在饮食中适量添加一些大蒜，有助于孕妈妈抵抗外来细菌的侵袭。

大蒜虽好，但不能吃太多，以免刺激孕妈妈的肠胃，对孕妈妈的身体和胎宝宝的健康都不利。

▶ 孕期得了流感怎么办

怀孕得了流感，最担心的就是吃药问题，其实如果没有并发症，无需特殊处理，只要多休息多喝水，食疗解决就可以了。如果有高热、烦躁等症状，要马上去看医生，在医生指导下采取相应措施。

流感传染性很强，主要通过空气、飞沫侵入呼吸道。因此，在流感流行期间，孕妈妈最有效的防护措施就是尽量不去公共场所，如超市、商场等。如果家里有人得了流感，马上采取隔离措施，并注意屋内消毒，可以把醋加热消毒。

大蒜中的大蒜素有很强的杀菌作用，但是比较辛辣，过量食用可能会对胃黏膜、肠壁造成刺激，孕妈妈要少吃。

✅ 宜注意饮食卫生，防止病从口入

为了避免病从口入，影响自身和胎宝宝的健康，孕妈妈对于饮食卫生必须格外注意，如尽量食用已处理过和彻底煮熟的食物、确认食物或食材的保存期限、烹调食物或用餐前要洗手、切实做好食物的保鲜工作等。此外，孕妈妈应避免购买来源不明或价格过低的食物，一旦发现食物有异味或腐败的情形，也要立刻停止食用。

✅ 宜注意餐次安排

随着胎宝宝的生长，孕妈妈胃部受到挤压，容量减少，应选择营养价值高的食物，要少吃多餐，可将全天所需食物分五六餐进食。孕妈妈可在正餐之间安排加餐。热能的分配上，早餐的热能占全天总热能的30%，要吃得好；中餐的热能占全天总热能的40%，要吃得饱；晚餐的热能占全天总热能的30%，要吃得少。

✅ 宜增加营养

现在孕妈妈的食欲增加了，胎宝宝的营养需求也加大了，为了胎宝宝的健康成长，孕妈妈可以解放自己，全面地摄取各种营养，吃各种平时喜欢但因为担心发胖而不敢吃的食物。不过，再好吃、再有营养的食物都不要一次吃得过多，或一连几天大量食用同一种食物。

到底有没有必要喝孕妇奶粉

怀孕以后，孕妈妈的身体和心理要经受一场考验，充足的营养对于孕妈妈来说非常重要。充足营养的前提就是食物多样化，因为任何单一的食物或几种食物都不能满足全面的营养需求，如果孕妈妈不能做到合理平衡的膳食结构，有些营养素如维生素D、维生素B12等可能会摄入不足。所以，在膳食结构不平衡时，孕妈妈可适当选择正规的孕妇奶粉，按照产品说明的用法和用量食用。

西红柿酸甜可口，可以帮助孕妈妈开胃消食，但不宜空腹吃。其中含有的维生素C、抗氧化成分可以为孕妈妈美白皮肤，减轻孕期的妊娠斑。

宜用食物预防妊娠斑

妊娠斑是由于孕期内分泌的变化，引起某些部位皮肤的色素沉着。约 1/3 的孕妈妈会产生妊娠斑，但没必要太担心，等孩子出生后会自然淡化、消失的。食物防治的好方法就是侧重补充维生素，孕妈妈平时可以多吃一些预防妊娠斑的食物。含有丰富维生素的水果如猕猴桃、西红柿、草莓等及富含维生素 B_6 的奶制品，对于预防妊娠斑都非常有效。

宜正确食用香蕉

孕妈妈吃香蕉能保护肠胃，润肠通便，因此，孕妈妈可每天吃一两根香蕉。但不宜空腹吃。空腹吃香蕉会使人体中的镁元素骤然升高，破坏人体血液中的镁钙平衡，长期空腹食用香蕉，会对心血管产生抑制作用，不利于身体健康。

急慢性肾炎及肾功能不全者忌食香蕉，畏寒体弱和胃虚的人也不宜多食。

有妊娠糖尿病的孕妈妈忌食香蕉。因为香蕉糖分高，1 根香蕉相当于半碗米饭的热量。

宜远离细菌食物

远离那些易携带某些细菌的食物，最常见的是李氏杆菌。这种病菌会引起流产、死产、早产或新生儿的感染，如脑膜炎。

李氏杆菌来自以下几种食物：

● 未经高温消毒的干酪。

● 霉菌催熟的干酪。

● 有蓝色脉络的干酪。

● 未经高温消毒的羊奶及羊奶制品。

● 冷冻的熟食。

● 未煮熟的家禽。

● 生鱼和生贝类。

宜适当吃野菜

与大规模栽培的蔬菜相比，野菜有着不同的口味，同时可能某些营养素会高于栽培蔬菜，如胡萝卜素、维生素 C、叶酸等。因此，在保证食品安全性的条件下，孕妈妈可以经常选择一些野菜食用，既改善了口味，也能保证营养。

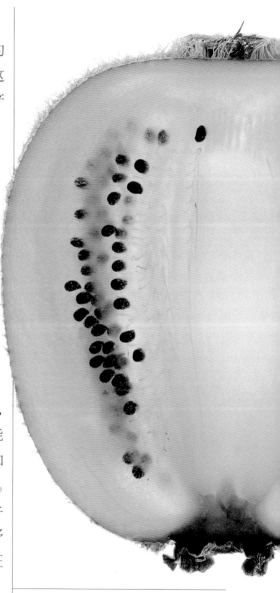

猕猴桃中的维生素 C 易与奶制品中的蛋白质凝结成块，影响消化吸收，所以食用猕猴桃后，一定不要马上喝牛奶或吃其他乳制品。

孕妈妈可以用酸奶自制水果沙拉，但水果糖分高，每次不宜吃太多，所以最好是蔬菜、水果和肉类搭配食用，这样既有营养，缤纷的颜色也能提起孕妈妈的食欲。

✖ 不宜多吃冷饮

孕妈妈在怀孕期间，胃肠功能减弱，对冷的刺激非常敏感。多吃冷饮会使胃肠血管突然收缩，胃液分泌减少，消化功能降低，从而引起食欲缺乏、消化不良、腹泻，甚至引起胃部痉挛，出现剧烈腹痛现象。

孕妈妈的鼻、咽、气管等呼吸道黏膜往往充血并伴有水肿，如果大量贪食冷饮，充血的血管突然收缩，血液减少，可致局部抵抗力降低，使潜伏在咽喉、气管、鼻腔、口腔里的细菌与病毒乘虚而入，引起嗓子痛哑、咳嗽、头痛等，严重时能引起上呼吸道感染或诱发扁桃体炎。

另外，胎宝宝对冷刺激十分敏感，当孕妈妈吃过多的冷饮后，胎宝宝会躁动不安。因此，孕妈妈吃冷饮一定要有所节制。

✖ 不宜过量吃水果

不少孕妈妈喜欢吃水果，甚至还把水果当蔬菜吃。虽然水果和蔬菜中含有丰富的维生素，但是两者还是有本质区别的。

水果中的膳食纤维成分并不高，但是蔬菜里的膳食纤维成分却很高。过多地摄入水果，而不吃蔬菜，直接减少了孕妈妈膳食纤维摄入量。另外，有的水果糖分含量很高，孕期摄入糖分过高，还可能引发孕妈妈肥胖或血糖过高等问题。

⊗ 不宜大量补充维生素类药物

一些孕妈妈担心胎宝宝缺乏维生素，于是每天服用过多的维生素类药物。虽然在胎宝宝的发育过程中，维生素是不可缺少的营养素，但是盲目补充维生素只会对胎宝宝造成损害。

孕妈妈如果过量服用维生素 A 会影响胎宝宝大脑和心脏的发育，诱发先天性心脏病和脑积水。如果维生素 D 摄入过多，则会导致宝宝出生后出现特发性婴儿高钙血症，表现为囟门过早闭合、主动脉窄缩等畸形，严重的还伴有智力减退。如果孕妈妈长期服用大量维生素 C，宝宝出生后会患维生素 C 缺乏性坏血症。如果孕妈妈怀孕期间大量服用维生素 K，可加重新生儿生理性黄疸。

所以，孕妈妈一定不要擅自补充维生素类药物，如果确实需要补充，一定要在医生指导下进行。

⊗ 不宜过多外出用餐

孕妈妈一定要注意控制外出用餐次数。大部分餐厅提供的食物都会多油、多盐、多糖、多味精，不符合孕妈妈进食的要求。如不得不在外面就餐时，孕妈妈在饭前应喝些清淡的汤，减少红色肉类的摄入，用餐时间控制在 1 个小时之内。

⊗ 不宜过多食用方便食品

随着人们生活节奏的加快，各种方便食品也应运而生，方便面、可冲调豆浆、速冻水饺等方便食品多种多样。有些孕妈妈喜欢吃这些方便食品，觉得方便，味道又好；也有的因工作繁忙，也愿意将方便食品作为主要食物。这种饮食习惯对母婴都不利，会造成孕妈妈营养不均衡，严重者也会影响胎宝宝生长发育。

孕期可以吃蜂王浆和人参蜂王浆之类的补品吗

蜂王浆和人参蜂王浆等口服液含有的激素物质会刺激子宫，还会使胎宝宝体内激素增加，引起新生儿假性早熟；而过多的激素也会使胎宝宝过大，给孕妈妈的分娩造成痛苦。

方便面等方便食品方便省事，许多人爱吃。但孕妈妈应尽量少吃或者不吃，以免造成孕妈妈摄取的营养不足，影响胎宝宝发育。

第 13 周营养食谱搭配

一日三餐科学合理搭配方案

孕 13 周正是补充营养的好时候，孕妈妈在日常饮食中可选择多种食物，以保证全面而丰富的营养。饮食宜清淡、易消化。

早餐

奶香玉米糊

主要原料： 玉米粒 100 克，牛奶适量。

做法： ①玉米粒洗净。②将玉米粒放入豆浆机中，加水至上下水位线之间。③制作好后倒出，加入牛奶搅拌均匀即可。

● 营养功效：这款米糊养胃，胃口不好的孕妈妈可以作早餐食用。

午餐

海鲜炒饭

主要原料： 熟米饭 200 克，鸡蛋 2 个，小墨鱼 15 克，去骨鱼肉 100 克，虾仁、干贝各 30 克，葱末、淀粉、盐、胡椒粉各适量。

做法： ①鸡蛋打入碗中，分离蛋清和蛋黄；去骨鱼肉洗净，切片。②墨鱼去外膜切丁，和干贝、虾仁一起洗净，放入碗中加淀粉和部分蛋清拌匀，氽烫，捞出。蛋黄倒入热油锅中煎成蛋皮，取出切丝备用。③锅内倒入油烧热，爆香葱末，加入剩余的蛋白略炒，放入虾仁、墨鱼、干贝、去骨鱼肉翻炒，加入米饭、盐、胡椒粉炒匀，盛入盘中，撒上蛋丝即可。

● 营养功效：含丰富的蛋白质，可以有效地为孕妈妈和胎宝宝补充营养。

晚餐

香菇鸡汤面

主要原料： 面条 200 克，鸡胸肉 100 克，胡萝卜 1 根，鲜香菇 4 朵，鸡汤、葱花、盐、酱油各适量。

做法： ①鸡胸肉洗净，切片，入锅中加盐煮，煮熟盛出。②胡萝卜洗净，去皮，切片；鸡汤加盐和少许酱油调味；鲜香菇入油锅略煎。③香菇、煮熟的面条盛入碗中，把胡萝卜片、鸡胸肉片和鸡汤放入碗中，撒上葱花即可。

● 营养功效：胡萝卜中富含的 β - 胡萝卜素可促进胎宝宝视力的发育。

奶酪三明治

主要原料：全麦面包 2 片，奶酪 1 片，西红柿 2 个，黄油少许。

做法：① 不粘锅预热，放入黄油。② 黄油溶化后，放入第 1 片全麦面包，然后放入奶酪和第 2 片全麦面包。③ 煎 30 秒后，如果全麦面包已经变成金黄色，翻面，将另一面也煎成金黄色。④ 西红柿洗净，切片，夹在全麦面包中即可。

● 营养功效：奶酪含有丰富的维生素 A，能增强孕妈妈的抗病能力，还能让孕妈妈和胎宝宝的眼睛明亮动人。

糖醋白菜

主要原料：白菜 200 克，胡萝卜半根，淀粉、白糖、醋、酱油各适量。

做法：① 白菜、胡萝卜洗净，斜刀切片。② 将淀粉、白糖、醋、酱油搅拌均匀，当作糖醋汁，备用。③ 油锅烧热，放入白菜片煸炒，然后放入胡萝卜片，炒至熟烂。④ 倒入糖醋汁，翻炒几下即可。

● 营养功效：这道糖醋白菜味道酸甜，脆嫩爽口，糖醋汁的味道能够很好地渗入到白菜片中，让孕妈妈食欲大振。

海蜇拌双椒

主要原料：海蜇皮 200 克，青椒、红椒各 20 克，姜丝、盐、白糖、香油各适量。

做法：① 海蜇皮洗净、切丝，温水浸泡后沥干；青椒、红椒洗净，切丝备用。② 青椒丝、红椒丝拌入海蜇皮，加姜丝、盐、白糖、香油拌匀即可。

● 营养功效：海蜇含钾、钙、碘丰富，可帮助孕妈妈补充多种营养素。

第 14 周营养食谱搭配

一日三餐科学合理搭配方案

妊娠反应逐渐消失，孕妈妈胃口大开，此时孕妈妈也不要放松，要在三餐的"质"上下功夫，以保证各种营养素的摄入。

早餐

牛奶蒸鸡蛋

主要原料: 牛奶 1 袋(250 毫升)，鸡蛋 1 个，盐适量。

做法: ① 牛奶放入碗中加热。② 鸡蛋打入碗内，拌匀，慢慢加入牛奶。③ 蒸锅倒入适量的水，放入蛋液碗，蒸熟，出锅时放适量盐即可。

● 营养功效：能保持皮肤细腻光滑，将来的小宝宝也会白胖可爱。

午餐

干烧黄花鱼

主要原料: 黄花鱼1条，鲜香菇4朵，五花肉50克,葱段、蒜片、姜片、料酒、酱油、白糖、盐各适量。

做法: ① 黄花鱼去鳞及内脏，洗净；香菇切成小丁；五花肉按肥瘦切成小丁。② 锅中倒油，放入鱼，一面煎至微黄色时，翻面。③ 锅里留适量油，放入肥肉丁和姜片，用小火煸炒，再放入所有食材和调料，加水烧开，转小火,15 分钟后，加入适量盐即可。

● 营养功效：孕妈妈每周食用 2 次鱼，能让胎宝宝更聪明。黄花鱼对治疗孕妈妈食欲缺乏及身体虚弱有良好效果。

晚餐

鸡蓉干贝

主要原料: 鸡蓉 100 克，干贝碎末 80 克,鸡蛋 2 个，盐、香油、高汤各适量。

做法: ① 鸡蓉放入碗内，兑入高汤，打入鸡蛋，用筷子快速搅拌均匀，加入干贝碎末、盐拌匀。② 将以上材料下入热油锅，翻炒，待鸡蛋凝结成形时，淋入香油即成。

● 营养功效：干贝富含钾、磷、蛋白质，孕妈妈常吃有补五脏、益精血的功效。

荠菜魔芋汤

主要原料: 荠菜 150 克, 魔芋 100 克, 盐、姜丝各适量。

做法: ①荠菜去叶择洗干净, 切段, 备用。②魔芋洗净, 切成条, 用热水煮2分钟, 去味, 沥干, 备用。③将魔芋、荠菜、姜丝放入锅内, 加清水用大火煮沸, 转中火煮至荠菜熟软。④出锅前加盐调味即可。

● **营养功效:** 魔芋中特有的束水凝胶纤维, 可以使肠道保持一定的充盈度, 促进肠道的蠕动, 加快排便速度, 是天然的肠道清道夫。

西红柿炖豆腐

主要原料: 西红柿 2 个, 豆腐 200 克, 香葱、盐各适量。

做法: ①西红柿、豆腐洗净, 切块; 香葱切末。②油锅烧热, 放入西红柿块, 煸炒至呈汤汁状。③放入豆腐块, 加适量水, 大火烧开后转小火。④小火炖 10 分钟后, 大火收汁, 加盐调味, 装盘后撒上香葱末即可。

● **营养功效:** 西红柿富含胡萝卜素, 能在人体内转化为维生素 A, 促进胎宝宝骨骼生长, 预防佝偻病。加热过的西红柿中 β - 胡萝卜素活性更高, 孕妈妈不妨吃些西红柿炒鸡蛋和西红柿牛腩汤。

生菜干贝汤

主要原料: 生菜 250 克, 干贝、鸡汤、香油、盐、姜末、葱末各适量。

做法: ①将生菜洗净切段。②用温水将干贝泡浸一夜, 再用清水煮, 煮软后捞出干贝肉。③锅内加鸡汤, 加入生菜和干贝肉, 用香油、盐、姜、葱末调味即可。

● **营养功效:** 此汤具有开胃消积, 生津降压的功效, 有助于孕妈妈减轻胃胀气。

第15周营养食谱搭配

一日三餐科学合理搭配方案

少盐、少糖、少油、少辛辣刺激，全面、清淡的饮食是本周的首选。因为怀孕后饮食结构的变化，孕妈妈此时还要注意口腔卫生。

早餐 柠香饭

主要原料： 香米200克，青柠檬1个。

做法： ① 柠檬洗净，切成两半，将一半柠檬皮切成末，另一半切成薄片。② 香米淘洗干净，放入柠檬皮末，蒸成饭。饭放碗里，放几片柠檬。

● 营养功效：此饭可以增加食欲，开胃，特别适合喜好酸味的孕妈妈食用。

午餐 猪肉酸菜包

主要原料： 小麦面粉500克，猪肉350克，酸菜50克，猪油20克，香油、酱油、盐、葱花、姜末各适量。

做法： ① 酸菜洗净，切成丝；猪肉剁细成末；炒锅放猪油烧热后，将剁细的猪肉翻炒断生，加酱油、盐炒匀，出锅晾凉，再加葱花、姜末、香油及酸菜丝拌匀成馅。② 将面粉放于盆中，加水和面团，案板上撒上干粉，取出面团揉匀，搓成长条，切成50克左右1个的面团，分别用面棍擀成中间厚、边缘稍薄的圆皮，放入调好的馅，捏成圆形，最后上笼蒸20分钟即可。

● 营养功效：酸菜能够醒脾开胃，增进食欲，但是食用要适量。

晚餐 香蕉银耳汤

主要原料： 银耳20克，香蕉1根，枸杞子、冰糖各适量。

做法： ① 银耳洗净，撕小朵；香蕉去皮，切片。② 银耳放入碗中，加入清水，放蒸锅内蒸30分钟；再与香蕉片、枸杞子一同放入煮锅中，加清水，用中火煮10分钟，最后加入冰糖。

● 营养功效：银耳富含硒和多糖成分，常吃有助于提高孕妈妈的免疫力。

西米火龙果

主要原料: 西米 100 克, 火龙果 1 个, 白糖、水淀粉各适量。

做法: ①西米用开水泡透蒸熟, 火龙果对半切开, 果肉切成小粒。②锅烧热, 注入清水, 加入白糖、西米、火龙果粒一起煮开。③用水淀粉勾芡后盛入碗内。

● **营养功效:** 火龙果中的花青素和膳食纤维含量丰富, 可促进肠道蠕动, 提高抗氧化能力。

鲫鱼丝瓜汤

主要原料: 鲫鱼 1 条, 丝瓜 200 克, 姜片、盐各适量。

做法: ①鲫鱼收拾干净, 洗净, 切小块。②丝瓜去皮, 洗净, 切成段, 与鲫鱼一起放入锅中, 加水同煮。③最后加入姜片, 先用旺火煮沸, 后改用文火慢炖至鱼熟, 加盐调味即可。

● **营养功效:** 丝瓜为孕妈妈提供充足的维生素 B 和维生素 C, 还有清热化痰, 利水通便的功效。鲫鱼为孕妈妈提供丰富的蛋白质, 为胎宝宝的生长发育提供必需的营养。

清蒸大虾

主要原料: 大虾 500 克, 葱、姜、料酒、花椒、高汤、米醋、酱油、香油各适量。

做法: ①大虾洗净。②葱择洗干净切条; 姜洗净, 一半切片, 一半切末。③将大虾摆在盘内, 加入料酒、葱条、姜片、花椒和高汤, 上笼蒸 10 分钟左右。拣去葱条、姜片、花椒, 然后装盘。④用米醋、酱油、姜末和香油兑成汁, 供蘸食。

● **营养功效:** 大虾能补肾健胃, 有利于胎宝宝各个器官的发育。

三鲜馄饨

早餐

主要原料: 猪肉 250 克,馄饨皮 300 克,蛋皮 50 克,虾仁 20 克,紫菜 10 克,香菜末、盐、鸡汤、香油各少许。

做法: ① 猪肉洗净剁碎末,加盐拌成馅。② 馄饨皮包入馅,包成馄饨。③ 在沸水中下入馄饨、虾仁、紫菜;加 1 次冷水,待再沸捞起放在碗中。④ 在碗中放入蛋皮、香菜末,加入盐、鸡汤,淋上香油即可。

● 营养功效:此主食富含钙和维生素 D,可促进孕妈妈对钙的吸收。

咖喱蔬菜鱼丸煲

午餐

主要原料: 洋葱、土豆、胡萝卜、鱼丸、西蓝花、盐、白糖、酱油、高汤、咖喱各适量。

做法: ①将洋葱、土豆、胡萝卜分别去皮洗净,切块;西蓝花洗净切块。②将洋葱、土豆块、胡萝卜块与咖喱一起炒熟后,加高汤煮沸。③放入鱼丸、西蓝花、盐、白糖、酱油调味即可。

● 营养功效:各种蔬菜中含丰富的维生素,可为孕妈妈提供充足的维生素。

南瓜包

晚餐

主要原料: 南瓜 500 克,糯米粉 200 克,鲜香菇、藕粉、竹笋、酱油、白糖各适量。

做法: ① 南瓜洗净,蒸熟,压碎;鲜香菇、竹笋洗净,切丁,备用。② 藕粉用热水搅拌均匀,然后和糯米粉、南瓜、油揉成面团。③ 将香菇丁、竹笋丁放入锅中,加酱油、白糖炒香,当馅备用。④ 将面团分成若干份,捏成包子皮状,包入适量的馅。⑤ 将南瓜包放入蒸笼,蒸熟即可。

● 营养功效:南瓜含有丰富的维生素 A,利于胎宝宝眼睛的发育。

橙黄果蔬汁

主要原料：苹果 1 个，胡萝卜 1 根，芒果、橙子各半个。

做法：①苹果、芒果洗净，去皮，去核。②橙子洗净，去皮，去子；胡萝卜洗净，去皮。③将所有材料切成小块，放入榨汁机。④加水至上下水位线之间，榨汁后倒出即可。

● **营养功效**：这款果蔬汁能补充多种维生素和抗氧化成分，消除孕妈妈体内的自由基，提高免疫力，缓解身体疲劳，让正在上班的孕妈妈神采奕奕。

豌豆苗拌银耳

主要原料：干银耳 50 克，豌豆苗 100 克，盐、料酒、水淀粉、香油各适量。

做法：①干银耳泡发，去蒂洗净，用沸水浸烫一下。②豌豆苗用沸水焯熟。③锅中放适量清水，加盐、料酒，放入银耳煮两三分钟，用水淀粉勾芡，淋上香油，盛入盘内，拌上豌豆苗即成。

● **营养功效**：豌豆苗中 β - 胡萝卜素含量丰富，可提高孕妈妈的免疫力。

珍珠三鲜汤

主要原料：鸡肉、胡萝卜、豌豆各 50 克，西红柿 1 个，鸡蛋清、盐、淀粉各适量。

做法：①豌豆洗净；胡萝卜、西红柿切丁；鸡肉洗净剁成肉泥。②把鸡蛋清、鸡肉泥、淀粉放在一起搅拌，捏成丸子。③豌豆、胡萝卜、西红柿放入锅中，加水，炖至豌豆绵软；放入丸子煮熟，加盐调味即可。

● **营养功效**：此汤含有丰富的钙、β - 胡萝卜素等营养成分，常吃可保证孕妈妈体内维生素 A 的水平。

第16周营养食谱搭配

一日三餐科学合理搭配方案

孕妈妈的食欲越来越好，应格外注意饮食中蛋白质和维生素的摄取量；由于胎宝宝的生长需要更多的热量，孕妈妈尤其要保证米面等主食的摄入。

早餐 黑参粥

主要原料：黑米、海参各50克。

做法：①海参取出肠泥，洗净，切碎；黑米淘洗干净。②黑米、海参加水煮至熟烂即可。

● 营养功效：海参有很好的滋阴、补血、润燥的作用。

午餐 牛肉焗饭

主要原料：牛肉、大米、菜心各100克，姜丝、盐、酱油、料酒各适量。

做法：①牛肉洗净切片，用盐、酱油、料酒、姜丝腌制；菜心洗净，焯烫；大米淘洗干净。②大米放入煲中，加适量水和少许油，开火煮饭，待饭将熟时，调成微火，放入牛肉片，10分钟后，把菜心围在边上。

● 营养功效：牛肉富含铁、蛋白质等营养成分，孕妈妈常吃还能增强体力。

晚餐 蜜烧双薯丁

主要原料：红薯、紫薯各80克，冰糖、芝麻、淀粉各适量。

做法：①红薯、紫薯分别洗净去皮，切块，裹上淀粉。②油锅烧热，放红薯块、紫薯块慢煎至焦黄盛出。③锅洗净，放入冰糖，并加入一点水，煮至冰糖溶化冒泡，糖色开始变黄后，转小火，并倒入煎好的红薯和紫薯，晃动锅，使糖汁裹匀，撒上芝麻即可。

● 营养功效：此菜富含膳食纤维，可保持孕妈妈消化系统的健康，为胎宝宝提供充足的营养。

骨汤奶白菜

主要原料：奶白菜 200 克，猪里脊肉 100 克，香菜 2 棵，骨头汤、盐、香油、水淀粉各适量。

做法：①猪里脊肉洗净，切丝；香菜切段；奶白菜洗净，对半切开，焯水。②锅中倒入骨头汤烧开，再放肉丝打散，加盐、水淀粉，再放香菜，淋香油。③将做好的汤浇在奶白菜上。

- ● **营养功效：**这道菜口感清淡香甜，且营养丰富，非常适合孕妈妈食用。

鸭肉冬瓜汤

主要原料：鸭子 1 只，冬瓜 100 克，姜、盐各适量。

做法：①鸭子去内脏，处理干净，切块；冬瓜洗净，去子，带皮切成小块；姜切片。②鸭子块放入冷水锅中，大火煮约 10 分钟，捞出。③鸭子冲去血沫，放入汤煲内，倒入足量水，大火煮开。④放入姜片，略搅拌后，转小火煲 90 分钟。⑤关火前 10 分钟倒入冬瓜块，煮软后加盐调味即可。

- ● **营养功效：**孕妈妈往往会有食欲缺乏的感觉，在夏天很容易上火。鸭肉冬瓜汤是荤素搭配的汤羹，既有营养又好喝，还有祛暑清热的功效。

蚕豆炒鸡蛋

主要原料：鸡蛋 2 个，蚕豆 150 克，蒜 2 瓣，白糖 1 勺，盐适量。

做法：①蚕豆洗净，掰成两半；蒜切末。②鸡蛋打入碗中，加少许盐，打散，备用。③油锅烧热，倒入蛋液，不停翻炒，凝固成块后装盘，备用。④油锅烧热，放入蒜末、蚕豆翻炒。⑤加适量水，放入白糖，焖 3 分钟。⑥待水分收干后，放入炒好的鸡蛋，加适量盐调味即可。

- ● **营养功效：**蚕豆含有丰富的镁，但它有苦涩味，加一些白糖可以减轻。在这道菜中，还可以放入木耳，让孕妈妈吸收的营养更丰富。

孕5月
猛长期开始啦

这个阶段为适应孕育宝宝的需要，孕妈妈体内的基础代谢增加，子宫、乳房、胎盘迅速发育，需要适量的蛋白质和能量。胎宝宝感觉器官开始按区域发育，胃肠开始工作，大脑进一步分化。因此，保证孕妈妈对营养素的足量摄取至关重要。为配合胎宝宝的生长发育，孕妈妈要重视加餐和零食的作用，红枣、板栗、花生、葵花子都是很好的选择，可以换着吃，满足口味变化的需要。

本月胎宝宝发育所需营养素

这个月开始，胎宝宝的循环系统、尿道开始工作，听力形成，可以听得到孕妈妈的心跳、血流、肠鸣和说话声。胎宝宝身长达到25厘米，体重450克，皮肤是半透明的，眼睛由两侧向中央集中，骨骼开始变硬，会皱眉、斜眼、做鬼脸了。孕5个月后，胎宝宝的骨骼和牙齿生长得特别快，是迅速钙化时期，因此本月需要继续补钙。

营养大本营

本月是胎宝宝骨骼和牙齿发育的关键期，除了要保证钙、维生素 C、维生素 D 的摄入外，硒的补充也十分重要。这个阶段的胎宝宝大脑开始分区，孕妈妈摄入足够的硒有利于胎宝宝的大脑发育。

硒　不仅可以促进胎宝宝的生长发育，还对其智力发育起着重要的作用。孕妈妈补硒不仅可以预防妊娠高血压综合征、流产，而且还能减少畸形宝宝的出现。孕妈妈每天应补硒 50 微克，来保护胎宝宝的心血管以及促进大脑发育。

维生素 C　又称抗坏血酸，可促进胎宝宝的生长。怀孕期间，胎宝宝从母体获取大量的维生素 C 来维持骨骼、牙齿的正常发育及造血系统的功能，以致母体血浆中维生素 C 含量逐渐下降。胎宝宝对维生素 C 的分解率较高，故应适当增加维生素 C 补给量。孕妈妈如果缺乏维生素 C，容易贫血、出血，也可导致早产、流产，建议孕中期每天摄入 130 毫克。

维生素 D　能够促进膳食中钙、磷的吸收和骨骼的钙化，孕期如果缺乏维生素 D，可导致孕妈妈骨质软化，造成胎宝宝及新生儿的骨骼钙化障碍以及牙齿发育出现缺陷。孕妈妈如果严重缺乏维生素 D，还可使胎宝宝发生先天性佝偻病。

晒太阳补充维生素 D

都说晒太阳有助于补钙，但冬天太冷、夏天太热，能不能在屋里隔着玻璃晒太阳呢？

· 晒太阳的主要作用是皮肤通过紫外线的照射来帮助人体合成维生素D，进而促进钙吸收。

· 但因为紫外线穿透玻璃的能力较弱，从而降低了阳光的功效，所以孕妈妈最好每天有半个小时的户外活动，多晒太阳。

钙是本月明星营养素

本月是胎宝宝身高生长的关键时期，孕妈妈应适当补钙。钙是胎宝宝骨骼和牙齿发育的必需物质，胎宝宝缺钙易发生骨骼病变、生长迟缓，以及先天性佝偻病等。正常情况下，孕妈妈每天所需钙量为1000毫克，孕晚期为1200毫克。

对于不常吃动物性食物和乳制品的孕妈妈，应根据需要补充钙。同时，还需注意补充维生素D，以保证钙的充分吸收和利用。

维生素 D

三文鱼
不要吃生的三文鱼
（每两周 1 次）

妈妈宝宝营养情况速查

为了满足胎宝宝生长发育的需要，孕妈妈要重视加餐的作用。孕妈妈可以适当加些小零食，如红枣、核桃、花生、无花果、奶片、酸奶等。

硒

羊肉　　　　　**鹌鹑蛋**
香菜可去羊肉腥味　　不要多吃
（每周 1 次）　　（每天 3~5 个）

铁

菠菜　　　**猪肝**　　　**瘦肉**　　　**荠菜**
水焯过后再食用　宜与荠菜同吃　炒菜、做汤均可　春季宜吃
（每周 1 次）　（每周 1 次）　（每周一两次）　（每周 1 次）

钙

奶酪　　　**蛋黄**　　　**豆腐**　　　**芝麻**　　　**海带**
奶酪含钙量高　可促进大脑发育　不宜天天吃　含钙量高　可凉拌，可做汤
（每周 2~4 次）　（每天 1 个）　（每周 1 次）　（每周 1~3 次）　（每周 1 次）

维生素 C

油菜　　　**苋菜**　　　**苦瓜**　　　**草莓**　　　**柚子**　　　**猕猴桃**
可炒、烧、炝、扒　可补铁　清热祛火　洗净再吃　应季柚子营养高　不宜空腹吃
（每周一两次）　（每月一两次）　（每周 1 次）　（每周 1 次）　（每周 1~3 次）　（每周 2~5 次）

孕 5 月饮食原则和重点

很多孕妈妈在这个月都会超过每周体重平均增长 0.35 千克这个标准值，如果体重增加过快，就要适当控制了。孕妈妈在控制饮食时，一定要循序渐进，不要为了控制体重而不吃饭，这不是好的方法。

补充营养不是盲目多吃

这时孕妈妈的饭量开始变大，很多孕妈妈认为是胎宝宝需要。其实，孕妈妈即使进食量加倍，也不等于胎宝宝在妈妈的肚子里就可以吸收。孕妈妈多吃的那部分，很可能变成了自己身上的脂肪。

饮食不要太咸，预防孕期水肿

孕妈妈这个时期容易产生水肿，应该注意饮食不宜太咸。要定期产检，监测血压、体重和尿蛋白的情况，注意有无贫血和营养不良，必要时要进行利尿等治疗。

工作餐要"挑三拣四"

还坚守岗位的孕妈妈对待工作餐要"挑三拣四"，避免吃对胎宝宝不利的食物。口味的要求可以降低，但营养要求不能降低，一顿饭里要米饭、鱼、肉、蔬菜都有，食物种类尽量丰富。

孕妈妈要预防营养过剩

有些孕妈妈吃得多，锻炼少，认为这样有利于胎宝宝发育和分娩。其实这样易使胎宝宝过大，不利于分娩。如果营养过剩，易导致孕妈妈血压偏高和血糖异常。如果孕妈妈过胖，生产后还易造成哺乳困难，不能及时给宝宝喂奶，乳腺管易堵塞，极易引起急性乳腺炎。

因此，在饮食中要注意预防营养过剩，其方法在于饮食注重粗细搭配，分餐进食，细嚼慢咽，每天吃四五餐，每次食量要适度。同时，在身体允许的情况下，孕妈妈要多进行有氧保健运动，并对体重进行监测，保持适当的体重增长。

上班的孕妈妈在外就餐时不能凑合，仍要讲究营养全面，米饭、蔬菜、肉最好都要有。

孕 5 月饮食宜忌

孕妈妈需要将更多的精力放到增加营养上，食物花样要不断变换，还要格外注意营养均衡和搭配合理。饮食需要丰富多样化，荤素、粗细搭配要均匀。

宜注意补钙时的搭配

孕妈妈可多吃些含钙丰富的食物，如牛奶和奶制品、动物肝脏、蛋类、豆类、坚果类、芝麻酱、海产品及一些绿色蔬菜，但要注意饮食搭配，防止钙与某些食物中的植酸、草酸结合，形成不溶性钙盐，以致钙不能被充分吸收利用。含植酸和草酸丰富的食物有菠菜、竹笋等，所以，不要将这些菜与含钙丰富的食物一起烹调。

宜吃煮熟的鸡蛋

鸡蛋的组成成分较为复杂，卵黄和卵白都含有多种氨基酸。其中卵白有抑制蛋白水解酶的作用，通过加热可以将其破坏。所以食用未煮熟的鸡蛋不仅因为未被充分高温消毒而含有沙门氏菌，而且还会影响人体对营养素的吸收利用。因此，孕妈妈必须食用彻底煮熟的鸡蛋。

素食孕妈妈宜适当吃富含油脂的食物

只吃素食的孕妈妈在孕期会对胎宝宝有一些影响，单纯吃素食会造成营养种类的缺失，影响胎宝宝的生长发育。如果是素食主义者，建议至少要吃一些富含油脂的植物，比如坚果、大豆。但怀孕期间最好还是充分摄入各种类型的营养素。

孕期必须要吃钙片吗

如果孕期不缺钙，那就不需要特意吃钙片，而通过食补是最好最安全的补钙方法。每天保证摄入 250 毫升的牛奶，酸奶或孕妇奶粉也可。同时多吃富含钙的食物，如豆腐、虾各 100 克，鸡蛋 2 个，鱼 200 克，菠菜、海带或白菜各 150 克，排骨 200 克，骨头汤和紫菜汤隔天喝 1 次，至少保证每天从食物中摄取 600~800 毫克的钙。

如果孕妈妈缺钙，那就需在医生的指导下每天吃钙片，一般 600 毫克就可以。

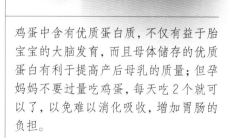

鸡蛋中含有优质蛋白质，不仅有益于胎宝宝的大脑发育，而且母体储存的优质蛋白有利于提高产后母乳的质量；但孕妈妈不要过量吃鸡蛋，每天吃 2 个就可以了，以免难以消化吸收，增加胃肠的负担。

孕妈妈可以常吃西蓝花。西蓝花含有丰富的维生素和胡萝卜素，能增强皮肤的抗损伤能力，预防妊娠纹。

宜吃鱼头，更补脑

鱼肉含有丰富的优质蛋白质，还含有2种不饱和脂肪酸，即DHA和EPA。这2种物质对大脑的发育非常有好处。它们在鱼油中的含量要高于鱼肉，而鱼油又相对集中在鱼头内。所以，孕期适量吃鱼头有益于胎宝宝大脑发育。

宜增加副食比例

孕妈妈要避免挑食、偏食的坏毛病，防止矿物质及微量元素的缺乏，在孕中期机体代谢加速，热量和糖分的利用增加，每天应当摄入较多的蛋白质和适量的脂肪，以补充生理需要，但要注意动植物脂肪摄入比例的平衡，多吃富含铁质和钙质的食物，如动物血、瘦肉、肝、蛋、深色蔬菜、水果等有利于补铁；奶制品、豆制品、海产品有利于补钙；鱼、芝麻、花生、核桃等有利于增加蛋白质。

宜吃海鲜缓解抑郁

激素的变化使孕妈妈情绪波动大，遇到不顺心的事就会郁郁寡欢，孕妈妈可以吃些改善心情的食物。据研究发现，吃海鲜有助于缓解孕期抑郁症，因为海鲜中的维生素D和碘等物质，会使抑郁症得到缓解。尽情享受这些美食吧，让它们帮助你找回快乐，远离抑郁。但注意吃海鲜时一定要确定熟了才能吃。

如何预防孕期贫血

孕妈妈如果不注意补铁，常常会引起缺铁性贫血，也可能会导致早产、胎宝宝体重低以及胎宝宝生长迟缓等。

因此，孕妈妈要多吃预防孕期贫血的含铁食物。动物肝脏是补铁首选，鸡肝、猪肝可1周吃两三次，每次25克左右。动物血、瘦肉也很不错。水果中的维生素C可以促进铁的吸收。

此外，孕妈妈还要注意远离影响铁吸收的食物。抑制铁吸收的因素有草酸、植酸、鞣酸、植物纤维、茶、咖啡和钙。例如植酸是谷物、种子、坚果、蔬菜、水果中以磷酸盐和矿物质贮存形式存在的六磷酸盐，在小肠的碱性环境中容易形成磷酸盐而妨碍铁吸收。茶与咖啡也影响铁的吸收，茶叶中的鞣酸与铁形成鞣酸铁复合物，可减少对铁的吸收。

宜适当吃一些葵花子和南瓜子

孕妈妈在正餐之外，可适当吃一点零食来补充不同的营养，对此，专家建议嗑一点瓜子，诸如葵花子、南瓜子等。

葵花子的蛋白质含量较高，而且不含胆固醇。其亚油酸含量也很高，有助于降低人体血液胆固醇的水平，促进胎宝宝大脑发育。葵花子还富含维生素 E、精氨酸，以及丰富的铁、锌、钾、镁等矿物质，对胎宝宝的发育十分有好处。

南瓜子性平味甘，营养全面，不仅吃起来香，而且还含有蛋白质、脂肪、碳水化合物、钙、铁、磷、胡萝卜素、维生素 B_1、维生素 B_2、烟酸等，且营养比例平衡，有利于孕妈妈吸收利用。

宜多吃茭白

茭白富含蛋白质、碳水化合物、膳食纤维及钙、铁、磷、锌等营养成分，可解清毒、消渴、活血、通乳等。研究发现，孕妈妈常吃茭白炒芹菜，可防止妊娠高血压。用茭白煎水，可防治孕期水肿。

宜多吃各种萝卜

白萝卜含有丰富的钙、铁、磷、糖化酶素及叶酸、维生素 A 等，这些都是孕妈妈孕期所必需的营养成分。胡萝卜富含维生素 A，可防治夜盲症及胆结石。青萝卜含维生素 C，可分解皮肤中的黑色素，促进机体代谢。但切记萝卜不宜与水果同食，否则会加强硫氰酸抑制甲状腺的作用。

宜适量吃黄瓜

黄瓜含有丰富的钾盐、胡萝卜素、维生素、钙、磷和铁等无机盐，可满足孕妈妈孕期所需的各种营养素。此外，黄瓜中的乙酸等成分，有抑制糖转化为脂肪的作用，可防止孕妈妈体重增长过快。

胡萝卜不宜单吃，烹调时可以加些肉类，使胡萝卜素更容易溶解，以便更好地被人体吸收。而且烹饪时间不宜过长，且不要加醋，以免破坏胡萝卜素。

桂圆是温补之物，而女性怀孕后，大多数会出现内热的症状，此时再吃桂圆非但不能补益身体，反而增加内热，发生腹痛、动胎，甚至流产，孕妈妈要忌食桂圆。

❌ 不宜吃桂圆

桂圆性热，孕妈妈食用后，不但不能保养身体，反而会出现腹痛、阴道出血等先兆流产的症状。因此，为了避免流产，孕妈妈应慎食桂圆。

❌ 不宜节食

有些孕妈妈怕饮食过量影响体型，所以节制饮食，这样容易引起营养不良，会对胎宝宝智力有影响。

胎宝宝脑细胞发育最旺盛时期为怀孕后3个月至出生后1年内。所以孕妈妈的营养状况可直接影响胎宝宝脑细胞成熟过程和智力发展。孕妈妈为了宝宝的成长一定要注意合理饮食。

❌ 不宜吃松花蛋

孕妈妈的血铅水平高，会直接影响胎宝宝的正常发育，甚至造成先天性弱智或畸形。所以一定要注意食品安全，松花蛋及罐头食品都含有铅，孕妈妈尽量不要食用。带饭也要注意荤素搭配，最好不要带隔夜的叶菜类食物。

❌ 不宜晚餐过迟、进食过多

孕妈妈晚餐不宜过迟。如果晚餐后不久就上床睡觉，不但会加重胃肠道的负担，还会导致孕妈妈难以入睡。

晚餐进食过多，会使胃机械性扩大，导致消化不良及胃疼等现象。

在晚餐进食大量蛋、肉、鱼后，而活动量又很小的情况下，多余的营养会转化为脂肪储存起来，使孕妈妈越来越胖，从而导致胎宝宝营养过剩。因此，孕妈妈晚餐应以清淡、易消化为宜。

❌ 不宜喝浓茶

很多女性在孕前就非常喜欢喝浓茶，以此提神，但是怀孕后应忌喝浓茶。浓茶中所含有的咖啡因浓度很高，有很强的兴奋作用，往往会使孕妈妈难以入眠，甚至造成失眠，不利于孕期的睡眠休息。建议在整个孕期，孕妈妈都不要喝浓茶。最好的孕期饮品就是白开水或淡菊花水。

✖ 不宜吃过咸的食物

有些孕妈妈饮食嗜好咸食。现代医学研究认为，食盐量与高血压发病率有一定关系，盐量摄入越多，发病率越高。众所周知，妊娠高血压综合征是孕期特有的一种疾病，其主要症状为水肿、高血压和蛋白尿，严重者可伴有头痛、眼花、胸闷、晕眩等自觉症状，甚至发生子痫而危及母婴健康。孕妈妈过度进食咸食也是引发妊娠高血压综合征的可能原因之一，因此，专家建议孕妈妈每天食盐摄入量应不超过6克。

✖ 不宜多吃热性香料

在日常饮食生活中，孕妈妈不仅要重视加强营养，适量吃些营养丰富的食物，还应对膳食结构、饮食烹调、饮食卫生以及食物选择等有所避忌，因为孕妈妈所摄入的东西有些会通过母体传送给胎宝宝。

孕妈妈在孕期体温相应增高，肠道也较干燥。热性香料如大料、茴香、花椒、胡椒、桂皮、五香粉、辣椒粉等具有刺激性，很容易消耗肠道水分，使胃肠腺体分泌减少，加重孕期便秘。如孕妈妈用力解便，会引起腹压增大，压迫子宫内的胎宝宝，易造成胎动不安等。所以，孕妈妈不宜多吃热性香料。

孕期是不是一点都不能吃辣椒

万事无绝对，孕妈妈不要因为辣，就把辣椒等辛辣的食物拒之门外。适量地食用辣椒对孕妈妈也有一定的好处。

辣椒可以给孕妈妈提供全面的营养元素，而且适量地食用辣椒还可以增强孕妈妈的食欲，改善孕妈妈的心情。因为辣椒可以刺激口腔及肠胃，增加消化液分泌量，使孕妈妈看见食物后食欲大增，不再愁眉苦脸。

此外，食用辣椒还可以缓解感冒症状，促进血液循环，改善孕妈妈怕冷、怕风等症状。但辣椒是把双刃剑，有利也会有弊，尤其是对于孕妈妈来说，一定要控制好辣椒的食用量。

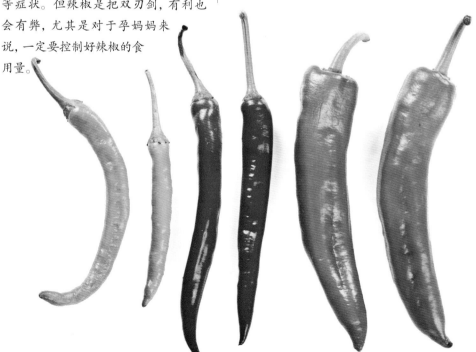

孕妈妈并不一定要绝对禁止吃辣椒，但一定要适量，以免刺激肠胃，引起便秘、血流量加快等症状，影响胎宝宝。

第 17 周营养食谱搭配

一日三餐科学合理搭配方案

这周，孕妈妈要保证饮食多样化，及时从饮食中补充蛋白质、维生素、矿物质等营养，以保证胎宝宝的需要。

早餐

香煎吐司

主要原料：鸡蛋 2 个，吐司 4 片，盐适量。

做法：① 将吐司切成三角形。② 鸡蛋打入碗中，加少量盐，打散。③ 将吐司表面裹满蛋液。④ 油锅烧热，将裹满蛋液的吐司片放入锅中，煎至金黄。

● 营养功效：可以在表面淋上果酱、番茄酱、芝士酱，让味道更浓郁。

午餐

南瓜香菇包

主要原料：南瓜半个，糯米粉半碗，藕粉 2 小匙，香菇 3 朵，酱油、白糖各适量。

做法：① 南瓜去皮、煮熟、压碎，加入糯米粉和用热水拌匀的藕粉，揉匀；香菇洗净、切丝。② 锅中倒油，下香菇炒香，加入酱油、白糖制成馅。③ 将揉好的南瓜糯米团分成 10 份，擀成包子皮，包入馅料，放入蒸锅内蒸 10 分钟即可。

● 营养功效：香菇含铁丰富，和含维生素 C 的南瓜同食，可以促进铁的吸收。

晚餐

红薯山药粥

主要原料：红薯 100 克，山药 80 克，小米 50 克。

做法：① 红薯、山药洗净，切块。② 锅中倒入适量水，大火煮沸。③ 水开后放入小米、红薯块、山药块，煮至熟烂即可。

● 营养功效：小米能强健身体，帮助消化，让孕妈妈拥有好胃口。另外，胃口不好的孕妈妈可以在晚上吃些小米粥，调理身体。

百合粥

主要原料：鲜百合20克，大米50克，冰糖适量。

做法：①鲜百合撕瓣，洗净；大米洗净。②将大米放入锅内，加适量清水煮，快熟时，加入鲜百合、冰糖，煮成稠粥即可。

● **营养功效：**百合中含有丰富的矿物质，还具有宁心安神的功效。

虾皮烧豆腐

主要原料：豆腐150克，虾皮20克，盐、白糖、葱花、姜末、水淀粉各适量。

做法：①豆腐切丁，焯水；虾皮洗净，剁成末。②锅内放入葱花、姜末和虾皮爆香，倒入豆腐丁，加入白糖、盐、适量水，烧沸，最后用水淀粉勾芡。

● **营养功效：**虾皮与豆腐都是含丰富蛋白质和钙质的食物，有助于此时胎宝宝骨骼发育的需要。

百合炒牛肉

主要原料：牛肉250克，鲜百合150克，红椒、生抽、蚝油、盐各适量。

做法：①鲜百合洗净，撕瓣；红椒洗净切块；牛肉洗净，切成薄片，放入碗中，用生抽、蚝油抓匀，倒入油，腌20分钟以上。②锅置于火上，放入1勺油，倒入牛肉，用大火快炒，马上加入百合和红椒翻炒至牛肉全部变色，加盐调味即可。

● **营养功效：**牛肉营养丰富，能获得全面的营养素，有利于胎宝宝神经系统、骨骼等各器官的发育，还有助于增强孕妈妈体质，为孕妈妈补充铁。

第 18 周营养食谱搭配

一日三餐科学合理搭配方案

这周，孕妈妈需要更多的能量来满足自身和胎宝宝的需要，因此饮食中碳水化合物不可少。孕妈妈还要保证每天的饮水量。

早餐

小米红枣粥

主要原料：小米 50 克，红枣 6 颗，蜂蜜适量。

做法：① 红枣洗净，放入锅中，水沸后放入小米，同煮至熟。② 粥微温后加入蜂蜜，味道会更好。

● **营养功效**：小米和红枣都是补铁佳品，有助于肠胃的消化和吸收。

午餐

胡萝卜炖牛肉

主要原料：牛肉 200 克，胡萝卜 150 克，葱、姜、淀粉、酱油、料酒、盐各适量。

做法：① 葱切段；姜切末；胡萝卜洗净，去皮，切块。② 牛肉洗净，切块，用酱油、淀粉、料酒、姜末调味，腌 10 分钟。③ 油锅烧热，放入牛肉块翻炒，加适量水，大火煮沸。④ 转中火炖至六成熟，放入胡萝卜块，炖煮至熟，加盐调味，撒上葱段即可。

● **营养功效**：胡萝卜有利于人体生成维生素 A，牛肉中的油脂还有利于胡萝卜中的维生素 E 得到良好吸收，让孕妈妈眼睛更明亮。

晚餐

松仁鸡肉卷

主要原料：鸡肉 100 克，虾仁 50 克，松仁 20 克，胡萝卜碎丁、鸡蛋清、盐、料酒、淀粉各适量。

做法：① 将鸡肉洗净，切成薄片。② 虾仁切碎剁成蓉，加胡萝卜碎丁、盐、料酒、鸡蛋清和淀粉搅匀。③ 在鸡肉片上放虾蓉和松仁，卷成卷儿，入蒸锅大火蒸熟。

● **营养功效**：松仁和虾仁中的硒有促进胎宝宝智力发育的作用。

芝麻茼蒿

主要原料: 茼蒿 200 克, 黑芝麻 15 克, 香油、盐各适量。

做法: ① 茼蒿洗净, 切段, 用开水略焯。② 油锅烧热, 放入黑芝麻过油, 迅速捞出。③ 将黑芝麻撒在茼蒿段上, 加香油、盐搅拌均匀即可。

● 营养功效: 对于还在工作岗位上的孕妈妈来说, 茼蒿是非常好的食物。它不但含有大量的胡萝卜素, 对眼睛很有好处, 还有养心安神、稳定情绪、降压补脑、防止记忆力减退的功效, 让孕妈妈保持效率, 工作生活两不误。

香蕉哈密瓜沙拉

主要原料: 哈密瓜 200 克, 香蕉 1 根, 老酸奶 1 杯。

做法: ① 香蕉去皮, 取果肉待用。② 哈密瓜去皮, 果肉切成小块。③ 香蕉果肉切成厚度合适的片状, 与哈密瓜一块儿放入盘中。④ 把老酸奶倒入盘中, 拌匀即可。

● 营养功效: 哈密瓜中维生素、矿物质含量丰富, 孕妈妈常吃可缓解焦躁的情绪。

肉丝银芽汤

主要原料: 黄豆芽 100 克, 猪肉 50 克, 泡发粉丝 25 克, 榨菜丝、盐各适量。

做法: ① 猪肉洗净切丝, 备用; 将黄豆芽择洗干净。② 油锅烧热, 将黄豆芽、肉丝一起入油锅翻炒至肉丝变色, 加入粉丝、榨菜丝、清水、盐煮熟即可。

● 营养功效: 此汤含有丰富的钙、铁等营养, 具有健胃强身, 丰肌泽肤的功效。

第 19 周营养食谱搭配

一日三餐科学合理搭配方案

孕妈妈要注意保持愉悦的心情，带着愉快的情绪进餐可增进食欲，并利于消化吸收。

早餐 玫瑰汤圆

主要原料：糯米粉 200 克，黑芝麻糊 100 克，玫瑰蜜、白糖、黄油、盐各适量。

做法：①黑芝麻糊加黄油、白糖、玫瑰蜜、盐搅匀成馅料。②糯米粉加温水调成面团，做剂子，包入馅料做成汤圆。③汤圆入沸水锅中煮熟即可。

● 营养功效：汤圆富含矿物质和有益脂肪酸，可使孕妈妈身体更强壮。

午餐 荠菜黄鱼卷

主要原料：荠菜、肥肉、荸荠各 25 克，油皮 50 克，鸡蛋 3 个，黄鱼肉 100 克，料酒、盐、香油、面粉各适量。

做法：①将荠菜择洗干净，切成碎。②肥肉、黄鱼肉洗净，切细丝；荸荠去皮后洗净，切成细丝。③将以上各原料调在一起，另加入鸡蛋清、料酒、盐、香油等混合成肉馅。④油皮一张切成两半，在每一半上都把混合好的肉馅摊成长条，再卷成长卷，在卷好的油皮上抹上面粉糊，切成小段，入锅炸熟。

● 营养功效：此卷是孕妈妈防治缺铁性贫血的保健佳肴。

晚餐 熘肝尖

主要原料：猪肝 100 克，胡萝卜片、青笋片、红椒片、青椒片、料酒、白糖、酱油、米醋、盐、葱末、姜末、淀粉各适量。

做法：①猪肝洗净、切片，加盐、料酒、淀粉拌匀，入油锅煎炸，捞出；料酒、酱油、白糖和淀粉兑成芡汁。②油锅烧热，用葱末、姜末炝锅，烹入米醋，下入胡萝卜片、青笋片、红椒片、青椒片煸炒；再下入猪肝片，加入芡汁翻炒均匀即可。

● 营养功效：这道菜利于胎宝宝智力和身体的发育。

芝麻圆白菜

主要原料：圆白菜 100 克，黑芝麻少许，油、盐适量。

做法：①用小火将黑芝麻不断翻炒，炒出香味时出锅。②圆白菜洗净，切粗丝。③锅置火上，放油烧热，放入圆白菜，翻炒几下，加盐调味，炒至圆白菜熟透发软即可出锅盛盘，撒上黑芝麻拌匀即可。

- 营养功效：圆白菜含维生素 E、维生素 A、叶酸较多，怀孕期间多吃可以补充丰富营养。黑芝麻是孕期补充有益脂肪的良品。

三色肝末

主要原料：猪肝 100 克，胡萝卜、洋葱、西红柿各 50 克，菠菜 20 克，肉汤、盐各适量。

做法：①将猪肝、胡萝卜分别洗净，切碎；洋葱剥去外皮切碎；西红柿用开水烫一下，剥去外皮，切丁；菠菜择洗干净，用开水烫过后切碎。②分别将切碎的猪肝、洋葱、胡萝卜放入锅内并加入肉汤煮熟，再加入西红柿碎、菠菜碎、盐，略煮片刻，调匀即可。

- 营养功效：此菜品清香可口，明目功效显著，洋葱可补充硒元素，保护胎宝宝心脑发育。

香菇炒菜花

主要原料：菜花 250 克，鲜香菇 6 朵，鸡汤、葱、姜、水淀粉、香油、盐各适量。

做法：①葱、姜切丝；菜花洗净，用热水焯一下。②鲜香菇去蒂，洗净，用温水泡发。③油锅烧热，放入葱丝、姜丝炒香。④加鸡汤、盐，烧开后放入香菇和菜花。⑤小火煮 10 分钟后，用水淀粉勾芡，淋上香油即可。

- 营养功效：香菇富含多种营养成分，可以提高孕妈妈的免疫力。如果想让这道菜营养更丰富，可以加一些胡萝卜片，颜色更漂亮，看起来更诱人。

早餐

咸香蛋黄饼

主要原料: 紫菜 30 克, 鸡蛋 2 个, 面粉 50 克, 盐适量。

做法: ① 紫菜洗净, 切碎; 将鸡蛋黄、鸡蛋清分离, 打入碗中, 取蛋黄备用。② 将紫菜碎、蛋黄和适量面粉、盐一同搅拌均匀。③ 油锅烧热, 将原料一勺一勺舀入锅内, 用小火煎至两面金黄即可。

● **营养功效:** 紫菜能增强记忆力, 防止孕期贫血, 对促进胎宝宝骨骼生长也有好处。它还含有一定量的甘露醇, 可以作为治疗水肿的辅助食物, 帮孕妈妈消除水肿, 保持好身材。

午餐

奶酪烤鸡翅

主要原料: 黄油、奶酪各 30 克, 鸡翅 300 克, 盐适量。

做法: ① 鸡翅入沸水中焯烫, 用盐腌制 2 小时。② 黄油放锅中溶化, 烧热后放入鸡翅。③ 用小火将鸡翅正反两面煎至色泽金黄, 然后将奶酪擦成碎末, 均匀地撒在鸡翅上。

● **营养功效:** 奶酪中的钙很容易被人体吸收, 可增加孕妈妈每天钙的摄入量。

晚餐

五仁大米粥

主要原料: 大米 30 克, 黑芝麻、碎核桃仁、碎腰果仁、碎花生仁、葵瓜子仁、冰糖水各适量。

做法: ① 大米煮成稀粥, 加入黑芝麻、碎核桃仁、碎腰果仁、碎花生仁、葵瓜子仁。② 加入冰糖水, 煮 10 分钟即可。

● **营养功效:** 五仁大米粥中富含硒等矿物质, 可补益胎宝宝大脑。

橘子油菜汁

主要原料：橘子 1 个，油菜 1 棵，苹果 1 个。

做法：①橘子去皮，掰成瓣；油菜洗净，切段。②苹果洗净，去核，切成小块。③将橘子瓣、油菜段、苹果块倒进榨汁机中，加适量水榨汁即可。

- 营养功效：橘子和苹果都富含维生素 C，能促进钙的吸收。油菜富含钙、铁、维生素 C 和胡萝卜素。孕妈妈饮用后，能为胎宝宝提供充足的营养。喜欢吃酸的孕妈妈，可以再加 1 个橘子。

冰糖五彩粥

主要原料：大米、玉米粒、鲜香菇、胡萝卜、青豆、冰糖各适量。

做法：①大米淘洗干净，用冷水浸泡半小时，捞出，沥干水分；香菇、胡萝卜切丁。②玉米粒、香菇丁、胡萝卜丁、青豆分别焯水烫透备用。③锅中加入适量冷水，将大米放入，先用大火烧沸，转小火熬煮成稠粥。④稠粥烧沸后，加入玉米粒、香菇丁、胡萝卜丁、青豆，搅拌均匀，用冰糖调味，再稍焖片刻，即可盛起食用。

- 营养功效：此粥可以帮助孕妈妈预防营养不良。

盐水鸡肝

主要原料：鸡肝 100 克，香菜末、蒜末、葱末、姜片、盐、料酒、米醋、香油各适量。

做法：①鸡肝洗净，放入锅内，加适量清水、姜片、盐、料酒，煮 15~20 分钟至鸡肝熟透。②取出鸡肝，放凉，切片，加米醋、葱末、蒜末、香油、香菜末，拌匀即可。

- 营养功效：鸡肝可以补充铁质，而且富含维生素 A、维生素 B_2，能增强孕妈妈的免疫功能。

第 20 周营养食谱搭配

一日三餐科学合理搭配方案

脂肪是脑及神经系统的主要成分。所以，孕妈妈本周应继续补充脂肪，应适量吃一些鱼肉及核桃、葵花子等坚果，这有利于胎宝宝大脑的发育。

早餐 水果酸奶吐司

主要原料： 吐司 2 片，酸奶 1 杯，蜂蜜、草莓、哈密瓜各适量。

做法： ① 吐司略烤一下，切成方丁。② 所有水果洗净，去皮，切成小块。③ 将酸奶倒入碗中，调入适量蜂蜜，再加入吐司丁、水果丁搅拌均匀。

● 营养功效：此菜能提高孕妈妈的食欲，并能使孕妈妈摄取丰富的维生素。

午餐 海带焖饭

主要原料： 大米 100 克，水发海带 50 克，盐适量。

做法： ① 大米淘洗干净；海带洗净，切成细些。② 锅中倒入适量水，放入海带丝、大米、盐，搅拌均匀，煮熟即可。

● 营养功效：海带能为胎宝宝提供充足的碘，促进胎宝宝脑的发育，让胎宝宝更聪明，也让孕妈妈更开心。

晚餐 东北乱炖

主要原料： 排骨 150 克，茄子、土豆、豆角各 40 克，木耳 20 克，西红柿 1 个，葱段、姜片、蒜瓣、盐、生抽各适量。

做法： ① 排骨洗净斩段，焯水沥干；茄子、土豆、西红柿分别洗净，切块；豆角洗净，切段；木耳泡发，洗净。② 锅中倒油，爆香葱段、蒜瓣和姜片，倒入排骨、土豆块炒匀。③ 依次倒入茄子、西红柿、豆角和木耳翻炒。④ 注入 2 碗清水，大火煮沸后，改小火慢炖。⑤ 加入盐和生抽，大火收汁。

● 营养功效：这道乱炖简单易煮，有荤有素，适合孕妈妈本周滋补之用。

海带紫菜豆浆

主要原料：黄豆 60 克，水发海带 30 克，水发紫菜 15 克。

做法：① 将黄豆用水浸泡 10~12 小时；水发海带洗净，切碎；水发紫菜洗净。② 将海带碎、紫菜和黄豆一同放入豆浆机中，然后加水至上下水位线之间制成豆浆。③ 豆浆制作完成后，过滤即可。

● **营养功效：**海带具有清热止渴、通行利水的功效，并含有多种营养成分，能快速恢复孕妈妈的精力，让工作的孕妈妈精神饱满，工作高效。

鸡肝枸杞汤

主要原料：鸡肝 80 克，菠菜 30 克，竹笋 1 根，枸杞子 10 克，大料 1 个，高汤、料酒、盐、胡椒粉、藕粉、姜片各适量。

做法：① 将鸡肝洗净，切成约半寸厚的片，放入加了姜片的滚水内，片刻后捞起。② 竹笋切成薄片；菠菜用加盐的沸水烫至青色时捞起，切成段。③ 放枸杞子和大料入高汤，煮 30 分钟，然后加入鸡肝和笋片同煮。④ 煮片刻后加盐调味，加藕粉使之成胶黏状，并加入料酒，最后加菠菜和适量胡椒粉即可。

● **营养功效：**枸杞子有滋养补血的功效，鸡肝可以很好地为孕妈妈补铁，预防缺铁性贫血。

西芹腰果

主要原料：西芹 200 克，腰果、瘦肉各 50 克，葱、蒜、酱油、盐各适量。

做法：① 葱切段；蒜切末；瘦肉洗净，切片；西芹洗净，切段。② 油锅烧热，放入腰果，炒熟，捞出。③ 锅中加少许油，放入瘦肉片，然后加酱油、葱段、蒜末爆香。④ 放入西芹段翻炒，加适量盐。⑤ 待西芹炒熟后，放入腰果，翻炒几下即可。

● **营养功效：**腰果富含不饱和脂肪酸、维生素 A、维生素 B_1，能润肤美容，很适合爱美的孕妈妈。而且，腰果还有催乳的功效，对产后乳汁分泌不足的新妈妈十分有益。

孕6月
营养越丰富，扎根越深

牙龈出血是这个时期很多孕妈妈会有的现象，这是因为孕激素使孕妈妈的牙龈变得肿胀，即使孕妈妈刷牙时动作很轻，也有可能导致出血。阴道分泌物会感觉增加，因为泌尿道平滑肌松弛，膀胱感染的概率增高，应多注意下体卫生。

特别的饮食偏好会在这个阶段表现得尤为明显。看到平时爱吃的冰激凌、可乐饮料或者麻辣豆腐此时怎么都无法抗拒；有时会突然对某种莫名其妙的食物垂涎欲滴。没关系，大可偶尔放松一下自己，只要有节制就没有什么是绝对不可以的。

本月胎宝宝发育所需营养素

由于皮下脂肪尚未产生，胎宝宝现在就像个小老头，身上覆盖了一层白色的、滑腻的胎脂，用以保护皮肤免受羊水的损害。这个月末，胎宝宝体重会达到820克，身长有30厘米，不断吞咽羊水来加速发育自己的呼吸系统。

营养大本营

本月胎宝宝的视网膜和牙胚开始形成，孕妈妈的体重稳步增加，这时孕妈妈可以食用一些润肠通便的食物，以缓解子宫增大压迫直肠所形成的便秘。本月的营养重点为热量、铁、维生素 B_{12}、碳水化合物和膳食纤维。

热量 孕妈妈的热量需求，将取决于她体重的增加。一般来说，从怀孕的第 4 个月开始一直到分娩，孕妈妈需要额外增加 200 卡路里的热量。热量主要来源于碳水化合物，根据中国的饮食习惯，糖类摄入占总热量的 70%~80%，甚至高达 90%。在副食供应较好的条件下，怀孕期间尽可能使糖类摄入量占总热量的 60%~65%，这样可以保证蛋白质及其他保护性食物的摄入。

铁 孕中期的新陈代谢加快，母体铁的需求量增加，用以供给胎宝宝血液和组织细胞日益增长的需要，并有相当数量贮存于胎宝宝肝脏内，孕妈妈自身也要储备铁，以备分娩时失血和产后哺乳的需要，所以孕期补铁尤为重要。贫血还会使胎宝宝的生长发育受到影响。因此，孕妈妈要适当多吃富含铁的食物。

碳水化合物 是胎宝宝新陈代谢必需的营养素。胎宝宝在孕中期会消耗孕妈妈更多的热能来长身体，所以维持碳水化合物的足量供应很重要。谷物、薯类、水果、坚果、蔬菜等，都是碳水化合物的优良来源。

孕中期如何缓解便秘

孕中期，
不少孕妈妈会遇到便秘的问题，
这主要是由于孕激素增多，
抑制肠蠕动，
所以孕妈妈常发生便秘。
那么该如何缓解呢？

孕妈妈要预防或缓解便秘的症状，在生活上要有规律，每天适量运动，饮食上要多摄取含膳食纤维高的食物，维持规律的排便习惯等。这里要特别说的是，孕妈妈因为处在特殊时期，饮食是预防和缓解便秘的关键，含膳食纤维高的食物大多可以起到润肠通便的作用。

维生素 B₁₂ 是本月明星营养素

维生素 B_{12} 是抗贫血所需的，还有助于防治胎宝宝神经损伤，促进胎宝宝的正常生长发育和防治神经脱髓鞘。孕妈妈若缺乏维生素 B_{12}，会导致胎宝宝神经系统损害，无脑儿的产生与此也有一定关系。通常情况下，胎宝宝从 6 个月开始，需要通过母体的血液循环吸收更多的养分，所以这个月，孕妈妈尤其应注意补充维生素 B_{12}。从肉类等动物性食物中摄取的维生素 B_{12}，足以满足孕期的需要。

妈妈宝宝营养情况速查

孕中期，孕妈妈的体重平均每周增长 350 克，不过有些孕妈妈每周只增长 300 克，有些也可能增长 500~1000 克。本月由于胎宝宝的快速发育使孕妈妈的消耗增加，应该注意适当增加营养，以保证身体的需要。

热量

蛋黄
增强抵抗力
（每天 1 个）

碳水化合物

大米
五谷之首
（每天 1~3 次）

小米
小火煮粥食用
（每周 2~4 次）

铁

猪血
搭配绿叶蔬菜
（每周 1 次）

黑豆
煮食或磨豆浆
（每周 1 次）

红枣
不可多食
（每天 3 颗）

紫菜
可改善记忆
（每周 1 次）

膳食纤维

全麦面包
适合孕妈妈食用
（每周 2 次）

牛蒡
牛蒡煮汤食用
（每月 2 次）

红豆
可与谷类搭配食用
（每周 1 次）

竹笋
可炒、烧、拌、炝
（每周 1 次）

豆角
一定要做熟
（每月 2 次）

维生素 B₁₂

牛肉
加橘皮炖食易煮烂
（每周 1 次）

鸡肉
补磷、铁、铜与锌
（每周 1 次）

贝类
可做汤，可清炒
（每月 2 次）

鸡蛋
用 1 个鸡蛋蒸蛋羹
（每周 3~5 次）

青鱼
忌与李子同食
（每周 1 次）

奶制品
不宜与海鲜同食
（每天一两次）

孕 6 月饮食原则和重点

现在胎宝宝的发育迅速，孕妈妈的消耗大幅度增加，除了适当增加必要的营养外，还要有侧重地增加骨骼生长发育所需要的营养。这段时期，孕妈妈容易出现便秘的症状，应适当多吃些富含膳食纤维的食物。

保持饮食多样化

孕妈妈的饮食要多样化，多吃海带、芝麻、豆腐等含钙丰富的食物，避免出现腿抽筋的情况。另外，每天喝 1 杯牛奶也是必不可少的。

蔬菜和水果中的维生素可帮助牙龈恢复健康，防止牙龈出血，清除口腔中过多的黏膜分泌物。因此要多吃蔬菜和水果，如橘子、梨、番石榴、草莓等。

少吃多餐

孕妈妈比之前更容易感觉到饿，除了正餐要吃好之外，加餐的质量也要给予重视。少吃多餐是这一时期饮食的明智之举。

不要偏食肉类

这个月的孕妈妈可以继续前几个月的饮食规律，保持营养均衡，同时饮食宜清淡，不要偏食肉类。偏食任何食物都会导致营养摄入不均衡，从而影响胎宝宝的发育。

缓解胀气有方法

孕妈妈应多吃蔬菜水果等高膳食纤维的食物和适量粗粮，以促进肠胃蠕动；适当运动，补充足量水分，养成每天排便的习惯；避免食用如油炸食物、汽水、泡面等易产气食物；从右下腹开始，以轻柔力道做顺时针方向按摩，每次 10~20 圈，一天两三次，可帮助舒缓腹胀感。

在炎热的夏季，孕妈妈吃梨可以止渴生津，但梨偏寒，每次不宜吃太多；体质偏寒的孕妈妈可把梨水同煮来喝。

孕 6 月饮食宜忌

孕 6 月，胎宝宝通过胎盘吸收的营养是孕早期的五六倍，孕妈妈比之前更容易感觉到饿，除了正餐要吃好之外，加餐的质量也要重视，要做到少吃多餐。

宜多吃点蔬果

蔬菜和水果中含有丰富的维生素、矿物质以及人体所需的各种微量元素，能够有效增强抵抗力，改善睡眠，促进神经系统发育，因此专家建议女性怀孕期间一定要多吃蔬菜和水果，这对胎宝宝的脑部发育尤其有利。需要注意的是，蔬菜和水果还是有明确界定的，孕妈妈不可以单纯把蔬菜当水果吃，或者把水果当蔬菜吃，这样对于营养元素的补充和吸收都不利。

准备蔬菜以及水果餐点的时候，一定要避免过长时间地烹调导致维生素的破坏和流失。口味要以清淡为主，不要放入大量的调味料，这样不仅容易破坏营养物质，还会给孕妈妈的身体带来不必要的负担，很有可能导致妊娠高血压综合征等相关疾病。

宜早餐吃麦片

麦片不仅可以让孕妈妈一上午都精力充沛，还能降低体内胆固醇的水平。不要选择那些口味香甜、精加工过的麦片，最好是天然的，没有任何糖类或其他添加成分。可以按照自己的口味和喜好在煮好的麦片粥里加一些果仁、葡萄干或是蜂蜜。

宜多吃西红柿

西红柿中富含的维生素 A 原，能在母体内转化为维生素 A，促进胎宝宝骨骼生长，有防治佝偻病、眼干燥症、夜盲症的作用。西红柿中还含有苹果酸和柠檬酸等有机酸，孕妈妈经常食用，能增加胃液酸度，帮助消化，从而起到调整胃肠功能的作用。

孕妈妈买麦片要选纯天然的，买回来自己煮着吃，加工过的速食麦片往往含有防腐剂、增味剂等添加剂，长期食用对孕妈妈和胎宝宝健康不利。

宜吃全麦制品

全麦制品可以让孕妈妈保持充沛的精力，还能提供丰富的铁和锌。因此，专家建议孕妈妈多吃一些全麦饼干、麦片粥、全麦面包等全麦食品。喜欢吃麦片粥的孕妈妈，还可以根据自己的喜好，在粥里面加入一些葡萄干、花生或是蜂蜜来增加口感。

宜适当多吃黄鳝

黄鳝又称长鱼，是孕妈妈的滋补佳品。黄鳝肉质细嫩，味道鲜美，营养丰富，鳝肉中富含蛋白质、钙、磷、铁，还含有维生素 B_1、维生素 B_2、烟酸等，是一种高蛋白质低脂肪的优良食物。

孕妈妈常吃黄鳝可以防治妊娠高血压综合征。

《本草纲目》记载：黄鳝肉味甘、性温，有补中益血、治虚损之功效。但要注意，孕妈妈在食用黄鳝时不宜爆炒。因为在一些黄鳝体内，有一种叫颌口线虫的囊蚴寄生虫，如果爆炒鳝鱼丝或鳝鱼片时未烧熟煮透，会导致颌口线虫的感染。孕妈妈吃黄鳝时宜将生黄鳝焯熟后再爆炒，或炖熟再吃。

宜喝低脂酸奶

益生菌是有益于孕妈妈身体健康的一种肠道有益菌，而低脂酸奶的特点就是含有丰富的益生菌。在酸奶的制作过程中，发酵能使奶质中的糖、蛋白质、脂肪被分解成为小分子，孕妈妈饮用之后，各种营养素的利用率非常高。

是不是奶制品吃得越多越好

有些孕妈妈为了保证营养，会同时吃很多奶制品，特别是既喝孕妇奶粉又吃其他奶制品，其实这种做法是盲目的。孕妈妈要控制量，不能既喝孕妇奶粉，又喝其他牛奶、酸奶，或者吃大量奶酪等奶制品，这样会增加肾脏负担，影响肾功能。

全麦面包富含膳食纤维和B族维生素，营养丰富。真正的全麦面包含有足够多的麦麸碎片，孕妈妈在购买时要看仔细。

✖ 不宜多吃鱼肝油

鱼肝油可以强壮骨骼，并防治佝偻病，对胎宝宝的骨骼发育有很多好处。但孕妈妈要严格按照说明书服用，切勿滥用鱼肝油。国外研究表明，滥用鱼肝油的孕妈妈产下畸形儿的概率反而高。

孕妈妈体内的维生素 D 含量过多，会引起胎宝宝主动脉硬化，对其智力发育造成不良影响，还会导致肾损伤及骨骼发育异常，使胎宝宝出现牙滤泡移位，出生不久就有可能萌出牙齿，导致婴儿早熟。

过量服用维生素 A，会使孕妈妈出现食欲减退、皮肤发痒、头痛、精神烦躁等症状，不利于胎宝宝的生长发育。

所以孕妈妈不宜过量服用鱼肝油，而应经常到户外晒晒太阳，这样，在紫外线的照射下，自身制造的维生素 D 就可以保证胎宝宝的正常发育，健康又自然。

✖ 不宜用开水冲调营养品

研究证明，滋补营养品加温至 60~80℃时，其中大部分营养成分会发生分解变化。如果用刚刚烧开的水冲调，会因温度较高而大大降低其营养价值。

不宜用开水冲调的营养品有：孕妇奶粉、猕猴桃精、多种维生素、葡萄糖等滋补营养品。

✖ 不宜长期摄入高蛋白食物

如果孕妈妈蛋白质供应不足，会使身体虚弱，胎宝宝生长缓慢，产后恢复迟缓，乳汁分泌稀少等。但是，孕期过量的高蛋白饮食会影响孕妈妈的食欲，增加胃肠道的负担，并影响其他营养物质的摄入，使饮食营养失去平衡。过多地摄入蛋白质，人体内可产生大量的硫化氢、组胺等有害物质，容易引起腹胀、食欲减退、头晕、疲倦等现象。同时，蛋白质摄入过量，不仅可造成血中的氮质增高，而且也易导致胆固醇增高。因此，孕妈妈不宜长期用高蛋白饮食。建议孕妈妈每天蛋白质的摄入量为 80~100 克。

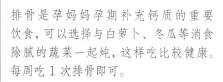

排骨是孕妈妈孕期补充钙质的重要饮食，可以选择与白萝卜、冬瓜等消食除腻的蔬菜一起炖，这样吃比较健康。每周吃 1 次排骨即可。

❌ 不宜长期食用高脂肪食物

孕妈妈要重视加强营养,以保证自身和胎宝宝的健康,但不宜长期食用高脂肪食物。

孕妈妈在孕中期能量消耗较多,而糖的储备减少,这对分解脂肪不利。如果长期摄入高脂肪的食物,易使孕妈妈出现脱水、唇红、头昏、恶心、呕吐等症状,也会使胎宝宝患生殖系统的疾病。

孕妈妈要想控制脂肪的吸收,除了减少高脂肪食物的摄入外,还可以经常吃一些具有一定降脂作用的食物,如富含果胶和其他可溶性膳食纤维的苹果、洋葱、冬瓜、胡萝卜、燕麦、香菇、海藻等;

洋葱含前列腺素A,能抑制高脂肪饮食引起的血脂升高,具有明显的降压作用,非常适合妊娠高血压的孕妈妈食用。

也可以多吃一些富含维生素C的新鲜蔬菜和水果,如芹菜、青椒、鲜枣、柑橘等。

❌ 不宜常吃精米精面

不少孕妈妈在孕期只吃精米精面,殊不知这样容易造成营养失衡。研究表明,长期食用精制米面易引起孕妈妈维生素 B_1 和各种矿物质的缺乏,并由此影响胎宝宝。

精米精面之所以"精",主要是因为它经过了反复加工,看起来更白更细更雅观。如果从营养角度来看,它却不如粗米粗面营养更全面、更丰富。一般来说,矿物质和维生素大多存在于粮食的皮壳部分。精米、精面完全去掉了富含矿物质和维生素的粮食表皮部分,看起来虽然又白又细,但其所含营养素已远不如糙米那样齐全了。

孕妈妈长期食用,必然会导致矿物质及维生素营养缺乏症,影响胎宝宝的生长发育。此外,还可使孕妈妈膳食纤维摄入减少,易引起便秘,而经常性的便秘会诱发痔疮。

✕ 不宜轻视加餐

孕 6 月，胎宝宝通过胎盘吸收的营养是孕早期的五六倍，孕妈妈比之前更容易感觉到饿，除了正餐要吃好之外，加餐的质量也要重视。孕妈妈可吃些坚果、水果等有营养的食物。

✕ 不宜吃饭太快

如果吃饭过快，食物未经充分咀嚼，进入胃肠道之后，与消化液的接触面积就会缩小。食物与消化液不能充分混合，就会影响人体对食物的消化、吸收，使食物中的大量营养不能被人体所用就排出体外。久而久之，孕妈妈就得不到足够多的营养，会形成营养不良，健康势必受到影响。

有些食物咀嚼不够，过于粗糙，还会加大胃的消化负担或损伤消化管道。所以，孕妈妈为了自己和胎宝宝的健康考虑，要改掉吃饭时狼吞虎咽的坏习惯，做到细细嚼、慢慢咽，让每一种营养都不白白地流失，充分为身体所用。

✕ 忌食用含铅高的食物

孕妈妈的血铅水平高，可直接影响胎宝宝正常发育，甚至造成先天性弱智或畸形，所以应避免食用含铅高的食物。传统方法制作的松花蛋、爆米花中可能含铅量较高，有些餐具中的内贴花可能含铅，应予以注意。松花蛋含铅，孕妈妈不能吃。

导致血铅超标的其他因素

家庭或工作单位装修，其材料造成的污染引起的血铅超标。

居住地在闹市区、靠近化工厂、炼油厂等地区，会造成一定程度的血铅升高。

经常接触油墨印刷品的孕妈妈，血铅有可能升高。

从事美容业，在冶金、蓄电池、陶瓷、油漆、石油等行业工作的孕妈妈，也是血铅容易超标的人群。

与其他职业相比，美容师的血铅超标风险较高。这是因为化妆品中的铅经皮肤吸收，造成人体内血铅升高。而且除了皮肤吸收铅外，呼吸道、消化道都是铅的吸入途径。

血铅超标的症状有哪些

血铅超标的孕妈妈可能出现头晕、头痛、无力、记忆力减退等症状，有的孕妈妈还伴有肌肉酸痛或恶心、腹胀等反应。

松花蛋在加工过程中加入了氧化铅，这是一种有毒的重金属元素，影响身体健康，孕妈妈不要食用。

第 21 周营养食谱搭配

一日三餐科学合理搭配方案

从这周开始，如果有可能的话，每天四五顿饭比较合适，这样更利于胎宝宝的发育和孕妈妈的健康。

早餐 西葫芦饼

主要原料： 西葫芦 250 克，面粉 150 克，鸡蛋 2 个，盐适量。

做法： ①鸡蛋打散，加盐调味；西葫芦洗净，切丝。②将西葫芦丝放入蛋液中，加面粉搅拌均匀。③油锅烧热，倒入面糊，煎至两面金黄即可。

● **营养功效：** 西葫芦含水量高，热量低，并且含钙、钾、维生素 A 等。

午餐 黄瓜腰果虾仁

主要原料： 黄瓜 150 克，虾仁 80 克，胡萝卜 50 克，腰果、葱、盐各适量。

做法： ①黄瓜、胡萝卜洗净，切片。②油锅烧热，炸熟腰果，装盘；虾仁用开水焯烫，捞出沥水。③锅内放入底油，放葱煸出香味，倒入黄瓜、腰果、虾仁、胡萝卜同炒，加入盐。

● **营养功效：** 此菜蛋白质含量很丰富，非常适合孕妈妈食用。也可以淋上些香油或番茄酱，变换着口味吃。

晚餐 田园蔬菜粥

主要原料： 西蓝花、胡萝卜、芹菜各 30 克，大米 100 克，盐适量。

做法： ①西蓝花、胡萝卜、芹菜分别洗净，西蓝花掰小朵，胡萝卜、芹菜切丁；大米洗净，浸泡 30 分钟。②锅置火上，放入大米和适量水，大火烧沸后改小火，熬煮 20 分钟。③放入胡萝卜丁煮熟，再放入西蓝花、芹菜丁稍煮，加盐调味即可。

● **营养功效：** 清爽的蔬菜粥补充维生素的同时还能有效缓解孕妈妈便秘。

猪肝拌黄瓜

主要原料：猪肝 80 克，黄瓜 100 克，香菜 1 棵，盐、酱油、醋、香油各适量。

做法：① 猪肝洗净，煮熟，切成薄片；黄瓜洗净，切片；香菜择洗干净，切成 2 厘米长的段。② 将黄瓜摆在盘内垫底，放上猪肝、酱油、醋、盐、香油，撒上香菜段，食用时拌匀即可。

● 营养功效：猪肝中富含维生素 A、铁、锌等营养素，能为孕妈妈和胎宝宝提供全面的营养。

排骨玉米汤

主要原料：排骨 200 克，玉米 100 克，盐、香油各适量。

做法：① 排骨焯去血水，捞出沥干；玉米切段。② 将排骨、玉米放入锅中，加入清水，调入盐、香油，加热煮沸后改中火煮 5~8 分钟。③ 盛入电压力锅中，以小火焖 2 小时。

● 营养功效：玉米中含有丰富的膳食纤维，能促进孕妈妈肠道蠕动。而排骨提供人体生理活动必需的优质蛋白质、脂肪，尤其是丰富的钙质可维护骨骼健康。孕妈妈常食有益于胎宝宝健康。

芸豆烧荸荠

主要原料：芸豆 200 克，荸荠 100 克，牛肉 50 克，料酒、葱姜汁、盐、高汤各适量。

做法：① 荸荠削去外皮，切片；芸豆斜切成段；牛肉切成片，用料酒、葱姜汁和盐腌制。② 油锅烧热，下入牛肉片炒至变色，下入芸豆段炒匀，再放入余下的料酒、葱姜汁，加高汤烧至微熟。③ 下入荸荠片，炒匀至熟，加适量盐调味。

● 营养功效：此菜含有丰富的蛋白质、胡萝卜素、钙等，营养丰富，有利于胎宝宝的发育。

第 22 周营养食谱搭配

一日三餐科学合理搭配方案

本周，有些孕妈妈可能会出现腿部水肿的症状，通过食疗可以达到辅助治疗的效果。饮食中要适当多摄取富含蛋白质、维生素、矿物质的食物。

早餐

紫薯银耳松子粥

主要原料：大米 20 克，松子仁 5 克，银耳 4 小朵，紫薯 30 克。

做法：①银耳泡发；紫薯去皮，切粒。②锅中加水，放大米，烧开后放入紫薯粒，烧开后改小火。③放入泡好的银耳，待大米开花时，撒入松子仁即可。

● 营养功效：此粥具有通肠的功效，能帮助孕妈妈预防便秘。

午餐

小米蒸排骨

主要原料：排骨 300 克，小米 100 克，料酒、冰糖、甜面酱、豆瓣酱、葱、姜、盐各适量。

做法：①葱、姜切末；排骨洗净，斩成 4 厘米长的段；豆瓣酱剁细；小米洗净，用水浸泡备用。②排骨段加豆瓣酱、甜面酱、冰糖、料酒、盐、姜末、油搅拌均匀。③将处理好的排骨段装入蒸碗内，放入小米，用大火蒸熟。④取出蒸碗，扣入圆盘内，撒上葱末即可。

● 营养功效：小米富含铁，其含量远远超过水果蔬菜中铁的含量，让孕妈妈在孕中期的时候轻松拥有好气色。

晚餐

鳗鱼青菜饭团

主要原料：熟米饭 100 克，熟鳗鱼肉（鳗鱼肉用微波炉烤脆而成）150 克，鲜青菜叶 50 克，盐适量。

做法：①将熟鳗鱼肉抹上盐，切碎；青菜叶洗净切丝。②青菜丝、鳗鱼肉末拌入米饭中。③取适量米饭，根据喜好捏成各种形状的饭团。④平底锅放适量油烧热，将捏好的饭团稍煎，口味更佳。

● 营养功效：鳗鱼肉富含蛋白质、脂肪、钙、磷等营养素，是孕妈妈的美味佳肴。

蒜香黄豆芽

主要原料： 胡萝卜 50 克，黄豆芽 100 克，蒜 2 瓣，香油、酱油、盐各适量。

做法： ① 胡萝卜洗净，切成细丝；黄豆芽洗净；黄豆芽和胡萝卜丝分别焯水晾凉。② 蒜制成蒜泥，倒入香油、酱油、盐，拌匀成调味汁，浇在胡萝卜丝和黄豆芽上拌匀。

● **营养功效：** 此菜富含的胡萝卜素、维生素 B_2，能有效补充胎宝宝本月发育所需营养。

豆腐炖油菜心

主要原料： 油菜 200 克，豆腐 100 克，香菇、冬笋各 50 克，葱、姜、香油、盐各适量。

做法： ① 葱、姜切末；油菜洗净，取中间嫩心，切成细丝。② 豆腐冲洗，切丁；香菇浸泡，切丁；冬笋去皮，切丁。③ 油锅烧热，放入葱末、姜末爆香，然后放入香菇丁、冬笋丁翻炒。④ 加适量水，煮沸，放入豆腐丁、油菜丝，再次煮沸。⑤ 加盐搅拌均匀，淋上香油即可。

● **营养功效：** 油菜中含有丰富的维生素 E 和膳食纤维，维生素 E 能美容，而膳食纤维能促进肠道蠕动，对孕妈妈的身体很有好处。

西红柿菠菜蛋花汤

主要原料： 西红柿 2 个，菠菜 50 克，鸡蛋 1 个，盐、香油各适量。

做法： ① 西红柿洗净切片；菠菜洗净切段；鸡蛋打散。② 锅中油热后，放入西红柿片煸出汤汁，加水烧开。③ 放入菠菜段、鸡蛋液、盐，再煮 3 分钟，出锅时滴入香油。

● **营养功效：** 西红柿中的胡萝卜素有提升免疫力的功效。

第 23 周营养食谱搭配

一日三餐科学合理搭配方案

还在工作的孕妈妈要注意按时吃工作餐，特别不能忽视早餐，1 杯牛奶、1 个鸡蛋和 1 块粗粮面包，就能满足孕妈妈上午对钙和膳食纤维的需要。

早餐 小米鸡蛋粥

主要原料： 小米 100 克，鸡蛋 2 个，红糖适量。

做法： 小米洗净放锅中煮粥，打入鸡蛋，然后把鸡蛋打散，略煮，以红糖调味后进食。

● 营养功效：可温补脾胃，保证孕妈妈在孕期有个好胃口。

午餐 莲藕炖牛腩

主要原料： 牛腩 150 克，莲藕 100 克，姜片、盐各适量。

做法： ①牛腩洗净，切大块，焯烫，过冷水，洗净沥干；莲藕去皮，切成大块。②将牛腩、莲藕、姜片放入锅中，加适量清水，大火煮沸，转小火慢煲 3 小时，出锅前加盐调味。

● 营养功效：莲藕的含糖量不高，又富含维生素 C 和胡萝卜素，对于补充维生素十分有益。

晚餐 菠萝虾仁炒饭

主要原料： 虾仁 80 克，豌豆 100 克，熟米饭 200 克，菠萝半个，蒜末、盐、香油各适量。

做法： ①虾仁洗净；菠萝取果肉切小丁；豌豆洗净，入沸水焯烫。②油锅烧热，爆香蒜末，加入虾仁炒至八成熟，加豌豆、米饭、菠萝丁快炒至饭粒散开，加盐、香油调味。

● 营养功效：孕妈妈通过吃这道炒饭可获得充足的碳水化合物。

凉拌莴苣

主要原料： 莴苣 1 根，生抽、香油、盐各适量。

做法： ①将莴苣去皮、洗净，切成长条。②用适量盐拌一下，放置一会儿后倒掉盐汁水，放入适量的生抽，再浇上几滴香油即可。

- 营养功效：作为凉拌菜，口味颇佳。孕妈妈食用可以清理肠胃，去除口臭。而且，莴苣中的铁元素很容易被人体吸收，经常食用新鲜莴苣，可以防治缺铁性贫血。

京酱西葫芦

主要原料： 西葫芦 150 克，海米、枸杞子、盐、白糖、料酒、甜面酱、水淀粉、葱花、姜片、高汤各适量。

做法： ①将西葫芦洗净切成片。②坐锅点火放入油，油温四成热时倒入葱花、姜片、海米煸炒，加少许甜面酱继续煸炒，然后倒入适量高汤，依次放入料酒、白糖、盐，再将切好的西葫芦放入。③待西葫芦煮熟后放少量枸杞子，再用水淀粉勾少许芡，大火翻炒即可出锅。

- 营养功效：西葫芦含水量达 95%，热量低，并且含钾、维生素 A、维生素 K 等，具有促进人体内胰岛素分泌的作用，可以有效地防治糖尿病，特别适合孕中期食用。

鲤鱼冬瓜汤

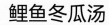

主要原料： 鲤鱼 1 条，冬瓜 250 克，葱段、盐各适量。

做法： ①鲤鱼收拾干净；冬瓜去皮，去瓤，洗净，切成薄片。②将鲤鱼、冬瓜、葱段同放一锅中，加水，大火烧开，转小火炖煮 20 分钟，煮熟后加盐调味即可。

- 营养功效：鲤鱼的优质蛋白质含量高而且易被吸收，对胎宝宝的骨骼发育极为有利。

早餐

玉米面发糕

主要原料： 面粉、玉米面各 1/3 碗，红枣 2 颗，泡打粉、酵母粉、白糖各适量。

做法： ① 将面粉、玉米面、白糖、泡打粉混合均匀；酵母粉溶于温水后倒入面粉中，揉成均匀的面团。② 将面团放入蛋糕模具中，放温暖处醒发 40 分钟左右至 2 倍大。③ 红枣洗净，加水煮 10 分钟；将煮好的红枣嵌入发好的面团表面，入蒸锅。④ 开大火，蒸 20 分钟，立即取出，取下模具，切成厚片即可。

● **营养功效：** 玉米对胎宝宝智力、视力发育都有好处。玉米中含有的膳食纤维能促进孕妈妈胃肠蠕动，防止便秘。

午餐

油烹茄条

主要原料： 茄子 200 克，胡萝卜 100 克，鸡蛋 1 个，香菜、淀粉、葱、姜、蒜、白糖、醋、酱油、盐各适量。

做法： ① 茄子洗净，去皮，切成细条。② 鸡蛋打散，倒入淀粉，将茄条挂糊抓匀。③ 葱、姜切丝；蒜切片；胡萝卜洗净，切丝；香菜洗净，切寸段。④ 油锅烧热，把茄条逐个炸至金黄色，捞出，沥油。⑤ 锅中留少许油，放葱丝、姜丝、蒜片、胡萝卜丝、茄条翻炒。⑥ 放入香菜段，加酱油、醋、白糖、盐翻炒即可。

● **营养功效：** 夏天是最适合吃茄子的季节，不仅味道好，还能帮孕妈妈祛暑。这道茄子油稍多了点，配清淡的白粥即可。

晚餐

虾片粥

主要原料： 大米 50 克，大虾 100 克，葱花、料酒、酱油、香油、白糖、盐各适量。

做法： ① 大米洗净；大虾去壳，挑出虾线，洗净，切成片，盛入碗内，放入料酒、酱油、白糖和少许盐，拌匀。② 大米煮粥至米粒开花，汤汁黏稠时，放入虾肉片，用大火烧沸即可。③ 食用时撒上葱花，淋上香油即可。

● **营养功效：** 大虾是高钙食物，与大米同煮成粥，可以将营养物质很好地保留，是孕妈妈补钙的上好佳品。

牛奶水果饮

主要原料： 牛奶1袋（250毫升），玉米粒、葡萄、猕猴桃、白糖、水淀粉、蜂蜜各适量。

做法： ①猕猴桃、葡萄均切成小块备用。②把牛奶倒入锅中，加适量的白糖搅拌至白糖化开，然后开火，放入玉米粒，边搅动边放入水淀粉，调至黏稠度合适。③出锅后将切好的水果丁摆在上面，滴几滴蜂蜜就可以了。

- 营养功效：玉米粒和葡萄等水果可以补充牛奶中膳食纤维的不足，是一道适合孕妈妈的既好看又好吃的饮品。

青蛤豆腐汤

主要原料： 青蛤200克，北豆腐150克，竹笋1根，青菜、盐各适量。

做法： ①北豆腐洗净切片；竹笋洗净切片；青蛤去壳泡洗干净。②炒锅添水烧开，放入豆腐片、笋片烧开，再放入盐、青蛤、青菜煮5分钟即可。

- 营养功效：这道汤富含维生素和矿物质，是孕期的一道理想汤点。为了不影响食用时的口感，青蛤买回后不要急于烹饪，最好用清水泡养一两天，让其吐尽沙子。

双鲜拌金针菇

主要原料： 金针菇、鲜鱿鱼、熟鸡胸肉各100克，姜片、盐、高汤、香油各适量。

做法： ①金针菇洗净，去根，焯熟。②鲜鱿鱼去净外膜，切成细丝，与姜片一并下沸水锅炒熟，拣去姜片，放入金针菇碗内。③将熟鸡胸肉切成细丝，下沸水锅焯熟，捞出后沥去水，也放入金针菇碗内。④往碗中加高汤、盐、香油拌匀即成。

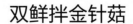

- 营养功效：金针菇有低热量、低脂肪、高蛋白、多糖、含多种维生素的特点。它含有相当丰富的赖氨酸，含锌量也比较高，有促进胎宝宝智力发育和健脑的作用。

第 24 周营养食谱搭配

一日三餐科学合理搭配方案

这个阶段,很多孕妈妈会遭遇便秘甚至痔疮。所以,孕妈妈要适时摄入富含膳食纤维的食物,以避免便秘,同时要保证脂肪、维生素的供给。

早餐

大米绿豆猪肝粥

主要原料: 大米、绿豆各 50 克,猪肝 100 克。

做法: ①大米、绿豆洗净;猪肝洗净,切片。②将大米、绿豆放入锅中,小火煮至七成熟,放入猪肝,熟透后即可食用。

● **营养功效:** 此粥具有养血和脾、利水消肿的功效。

午餐

椒盐排骨

主要原料: 排骨 200 克,青椒 20 克,鸡蛋 1 个,酱油、白糖、水淀粉、蒜瓣、姜丝、椒盐各适量。

做法: ①青椒洗净,切丝;排骨洗净,倒入酱油、白糖、水淀粉,放蒜瓣,腌制 2 小时。②鸡蛋打散,加水淀粉拌匀成鸡蛋糊;锅中倒油,将排骨在鸡蛋糊中裹一下后入油锅炸,沥油、捞起。③将姜丝和青椒丝放入油锅煸香,翻炒后,放入炸好的排骨,加椒盐一起翻炒至椒盐均匀地铺满排骨表面即可。

● **营养功效:** 排骨能促进铁的吸收,此菜能让孕妈妈远离贫血,还能促进胎宝宝乳牙牙胚的发育。

晚餐

土豆饼

主要原料: 土豆、西蓝花各 50 克,面粉 100 克,盐适量。

做法: ①土豆洗净,去皮,切丝;西蓝花洗净,焯烫,切碎,土豆丝、西蓝花碎、面粉、盐、适量水放在一起搅匀。②将搅拌好的土豆饼糊倒入煎锅中,用油煎成饼即可。

● **营养功效:** 西蓝花中胡萝卜素含量丰富,土豆富含碳水化合物,两者搭配,可很好地为孕妈妈补充体力。

奶汁烩生菜

主要原料： 生菜 200 克，西蓝花 100 克，鲜牛奶 125 毫升，淀粉、盐、高汤各适量。

做法： ①把生菜、西蓝花洗净，西蓝花切小块，生菜切段。②热锅烧油，热后倒入切好的菜翻炒，加盐、高汤调味，盛盘，西蓝花摆在中央。③煮鲜牛奶，加一些高汤、淀粉，熬成浓汁，浇在菜上即可。

● **营养功效：** 奶汁烩生菜可有效地提高菜肴的钙含量，其淡淡的奶香也更能迎合孕妈妈的胃口。

彩椒炒腐竹

主要原料： 黄椒、红椒各 30 克，腐竹 80 克，葱末、盐、香油、水淀粉各适量。

做法： ①黄椒、红椒洗净，切菱形片；腐竹泡水后斜刀切成段。②锅中倒油烧热，放入葱末煸香，再放入黄椒片、红椒片、腐竹段翻炒。③放入水淀粉勾芡，出锅时加盐调味，再淋上香油即可。

● **营养功效：** 腐竹含钙丰富，青椒和红椒富含的维生素则能促进钙的吸收，此菜能极好地促进胎宝宝乳牙牙胚的发育。

海带豆腐汤

主要原料： 豆腐 100 克，海带 50 克，盐适量。

做法： ①豆腐洗净，切块；海带洗净，切条。②锅中加清水，放入海带大火烧沸，然后转中火煮熟软。③放入豆腐块煮熟透，最后用盐调味。

● **营养功效：** 豆腐中含有丰富的钙、蛋白质，海带含有碘、锌等矿物质，此汤营养全面。

孕7月
枝繁叶茂，再大风雨也不怕

这时候的胎宝宝已经很大了，孕妈妈孕味十足。这个月胎宝宝的生长、孕妈妈的细胞修复等都需要蛋白质和能量。因此，孕妈妈应坚持用正确的方式来补充所需的营养。胎宝宝的生长发育，特别是大脑发育增快，不仅脑重量增加，而且脑细胞的数量开始迅速增加，需要增加有利于大脑发育的营养物质，如磷脂和胆固醇等脂类。

本月胎宝宝发育所需营养素

这个月，胎宝宝的身长会达到35~38厘米，体重1000克左右，他全身覆盖着一层细细的绒毛，身体开始充满整个子宫。胎宝宝的大脑细胞迅速增殖分化，舌头上的味蕾、眼睫毛这些小细节也在不断形成，还能够感觉到孕妈妈腹壁外的明暗变化。本月胎宝宝生长发育增快，特别是脑的发育，孕妈妈需要增加有利于大脑发育的营养物质。

营养大本营

随着胎宝宝的生长发育，母体负担加重，需求和消耗增加。孕妈妈可以多选择鱼类及水产品，这些是优质蛋白质的极好来源，鸡、鸭、鱼、肉、蛋、豆类也可以多吃。此外孕妈妈还要注意水果、蔬菜、粗细粮应合理搭配。

蛋白质　孕 7 月，孕妈妈对蛋白质的需求量跟以前一样，每天摄入 75~95 克即可满足需要。此外，水肿的孕妈妈，特别是营养不良引起水肿的孕妈妈，更要注意优质蛋白质的摄入。孕妈妈可以适当多摄入些鱼、肉、奶酪、蛋、豆类等。

脂肪　有益于本月胎宝宝的中枢神经系统发育和维持细胞膜的完整。膳食中如果缺少脂肪，可导致胎宝宝体重过轻，并影响大脑和神经系统发育。孕妈妈本月每天的脂肪摄入量为 60 克，每天 2 个核桃、25 克植物油基本就可以满足了。

水　孕妈妈不可忽视水的补充。只有水分充足，才能加速各种营养物质在体内的吸收和运转，更好地把营养输送给胎宝宝。孕妈妈每天的饮水量为 1200 毫升，即每天 6~8 杯水。如果饮食中有汤粥等，饮水量可相应减少。

让宝宝更聪明

在胎宝宝"脑迅速增长期"的第 2 个阶段，

也就是孕 7~9 月，

孕妈妈能做点什么，让宝宝更聪明呢？

孕妈妈除了保持规律的作息外，需要有意识地增加补脑食物，应选食富含脂质的食物，如粮谷类的小米、玉米等；干果类的核桃、芝麻、花生、瓜子、栗子等；蔬菜类的干黄花菜、香菇等；水产品中的海螺、牡蛎、虾、海带、紫菜等；家禽类的鸭、鹌鹑等，这些都是很好的补脑食物。

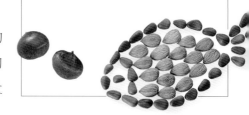

卵磷脂是本月明星营养素

孕 7~9 月是胎宝宝大脑迅速发育的第 2 个阶段，这个时期细胞和神经系统细胞增殖，树突分支增加，而卵磷脂能够保障大脑细胞膜的健康和正常运行，保护脑细胞健康发育，是胎宝宝非常重要的益智营养素。

妈妈宝宝营养情况速查

孕 7 月，胎宝宝和孕妈妈的体重是以"每周"增加的，此时胎宝宝和孕妈妈对各种营养素的需求都有所增加，所以孕妈妈要调整食物的摄入量，使摄入营养更符合身体需求。

水

水
不宜常喝纯净水
（每天 6 杯）

卵磷脂

豆浆
不宜空腹喝豆浆
（每周 2 次）

坚果
加餐食用
（每周两三次）

蛋白质

鱼类
脂肪含量低
（每周 1 次）

鸡肉
蛋白质容易吸收
（每周 1 次）

蛋类
白水煮蛋为宜
（每天 1 个）

豆类
煮粥或磨粉食用
（每周 2 次）

脂肪

核桃
还有防辐射的作用
（每天 3 个）

牛油果
对皮肤好
（每周 1 次）

葵花子
一次不要吃太多
（每周 2 次）

花生
煮食最佳
（每周 2 次）

奶酪
奶酪不要经常吃
（每周 1 次）

B 族维生素

小麦粉
富含维生素 B_1
（每周 1 次）

茄子
富含维生素 B_2
（每周 1 次）

动物肾脏
富含维生素 B_2
（每周 1 次）

糙米
富含维生素 B_6
（每周 3 次）

猪肉
富含维生素 B_{12}
（每周 4 次）

香蕉
不要吃未熟透的
（每周 3 次）

孕 7 月饮食原则和重点

这个月开始，越来越多的孕妈妈出现了水肿的症状，要注意优质蛋白质和蔬果的摄入。饮食上继续保持清淡，不能摄入过多的盐分，否则会加重身体的水肿程度。

在挑选空心菜时，以无黄斑、茎部不太长、叶子宽大新鲜的为佳；而且应买梗比较细小的，吃起来嫩一些的。

选对食物，远离孕期焦虑

食物是影响情绪的一大因素，选对食物的确能提神，安抚情绪，改善忧郁、焦虑，这也是为什么许多人在心情不好时，吃一些食物会使自己的情绪得到改善的原因。孕妈妈不妨在孕期多摄入富含 B 族维生素、维生素 C、镁、锌的食物及深海鱼等，通过调整饮食达到抗压及抗焦虑的功效。

可以预防孕期焦虑的食物有：鱼油、深海鱼；鸡蛋、牛奶、优质肉类、酵母粉等；空心菜、菠菜、西红柿；豌豆、红豆；坚果类、谷类等；香蕉、梨、葡萄柚、木瓜等。

预防贫血

贫血的预防应从多方面入手，注意不要挑食、偏食，膳食要合理。注意孕期营养，多吃新鲜蔬菜、水果和动物蛋白，以增加铁、叶酸和维生素的摄入。

积极治疗孕早期消化性溃疡、慢性肠胃炎等。治疗则要根据贫血种类补充铁剂、叶酸、维生素 B_{12}。临近预产期时，重度以上的贫血（血红蛋白低于 60 克 / 升）一般需给予输血治疗，以免分娩失血导致孕妈妈休克、胎死宫内等可怕后果。

继续定时饮水

每天在固定的时间里饮水，要多饮，但不是暴饮。起床后，孕妈妈可以空腹饮 1 杯温开水或蜂蜜水，长期坚持就会形成早晨排便的好习惯。

孕 7 月饮食宜忌

随着逐渐进入孕晚期，孕妈妈的身体负荷越来越重，孕期焦虑、妊娠纹等各种不适也随之而来，此时需要孕妈妈从心理上、身体上进行调整，孕妈妈可以通过饮食来预防或缓解有些不适。

✅ 宜多吃这些，远离妊娠纹

1. 西红柿含有的番茄红素的抗氧化能力是维生素 C 的 20 倍，可以预防妊娠纹。

2. 西蓝花含有丰富的维生素 A、维生素 C 和胡萝卜素，能增强皮肤的抗损伤能力，保持皮肤弹性。

3. 三文鱼肉及其鱼皮中富含的胶原蛋白是皮肤最好的"营养品"，能减缓机体细胞老化，使皮肤丰润有弹性，并远离妊娠纹的困扰。

4. 猪蹄中丰富的胶原蛋白可以有效对付妊娠纹，增强皮肤弹性和韧性，对延缓衰老具有特殊意义。

5. 黄豆中所富含的维生素 E 能抑制皮肤衰老，增加皮肤弹性，防止色素沉着。

✅ 宜吃些冬瓜防水肿

孕妈妈有时候会出现足部水肿，是因为摄食过多盐分或者饮用过多的水或由于子宫压迫大静脉导致的。假如休息后水肿仍不消失，孕妈妈可选择食疗方法，冬瓜就是最好的选择。冬瓜鱼汤、冬瓜蒸菌等菜肴中的冬瓜，从中医角度讲，有止渴利尿的功效。

怎么缓解孕期水肿

无论什么原因引起的孕期水肿，药物治疗都不能彻底解决问题，应配合其他方法，如改善营养，增加蛋白质的摄入，以提高血浆中白蛋白含量，改变胶体渗透压，将组织里的水分带回到血液中。

1. 减少食盐及含钠食物的进食量，如少食咸菜，以减少水钠潴留。

2. 增加卧床休息时间，以使下肢回流改善。站立时注意不时地变换姿势，使腿部得到轮流休息。

3. 服装要宽松舒适，特别是下装更要宽松一些，鞋子要柔软轻便。

冬瓜利尿，且含钠极少，是孕妈妈的消肿佳品。孕妈妈夏季吃冬瓜不但解渴、消暑，还能养胃生津、清降胃火。

柠檬富含维生素C、柠檬酸、低量钾元素等，对人体十分有益，孕妈妈可以泡水喝。但是要适量，每天一两杯即可，以免影响体内酸碱平衡。

宜吃消斑食物

1. 各类新鲜水果、蔬菜含有丰富的维生素C，具有消褪色素的作用，如柠檬、猕猴桃、西红柿、土豆、圆白菜、冬瓜、丝瓜、黄豆。

2. 牛奶有改善皮肤细胞活性，延缓皮肤衰老，增强皮肤张力，刺激皮肤新陈代谢，保持皮肤润泽细嫩的作用。

3. 谷皮中的维生素E能有效抑制过氧化脂质产生，从而起到干扰黑色素沉积的作用。适量吃些糙米，补充营养的同时又能预防斑点的生成。

4. 猕猴桃和酸奶美白消斑，让皮肤充满弹性。

宜预防贫血

很多孕妈妈在怀孕之前从来没有过贫血记录，可这时候却出现了轻度的贫血症状。这是因为怀孕的时候，母体的营养成分铁被胎宝宝以"优先原则"选择和吸收，致使孕妈妈出现轻微贫血症状。所以，如果按照孕前的水平摄取含铁食物，就可能出现贫血。

贫血的预防应从多方面入手：合理膳食、积极治疗孕早期的孕吐、消化性溃疡、慢性胃肠炎等，从而去除病因。

宜多吃南瓜

南瓜含有丰富的维生素A、维生素C及微量元素锌，也是叶酸、钾的优质来源，孕妈妈整个孕期都可以经常食用。同时，南瓜中丰富的果胶可以延缓肠道对糖和脂质的吸收，清除体内重金属和部分农药，对于孕妈妈和胎宝宝的健康有很好的促进作用。此外，孕妈妈常吃南瓜还可预防孕期水肿、妊娠高血压等孕期并发症，促进血凝及预防产后出血。

孕期腿抽筋怎么办

很多孕妈妈都会有腿抽筋的情况，那么怎么才能有效预防呢？

1. 饮食上多摄取富含钙及维生素 B_1 的食物，吃饭时加入适量的虾皮，鲜虾用油炸后带皮食用。

2. 孕中期开始服用钙片、维生素D制剂、鱼肝油等。

3. 在天冷和睡眠时注意下肢保暖。

4. 走路时间不宜过长，不穿高跟鞋。

5. 发作时立即将腿伸直，脚尖往身体方向翘，或让别人抓住脚往身体方向扳动。

✔ "糖妈妈"宜注意餐次分配

"糖妈妈"在饮食上要多加注意。因为一次进食大量食物会造成血糖快速上升，容易产生酮体，发生糖尿病酮症酸中毒；而空腹太久，则易出现低血糖昏迷。所以建议少吃多餐，将每天应摄取的食物分成五六餐，特别要避免晚餐与隔天早餐的时间相距过长，所以睡前要补充些健康零食。

✔ "糖妈妈"宜注重蛋白质摄取

如果在孕前已摄取足够营养，则孕早期不需过多增加蛋白质摄取量，每天比孕前多增加 5 克即可，孕中期、晚期每天需增加蛋白质的量各为 15 克、25 克。蛋白质补充一般靠摄入高蛋白质的食物，如蛋、奶、深红色肉类、鱼类及豆浆、豆腐等豆制品。

最好每天喝至少 2 杯牛奶，以获得足够的钙质，但不可以把牛奶当水喝，以免血糖升高。

✔ "糖妈妈"宜多摄取膳食纤维

在可摄取的分量范围内，多摄取高膳食纤维食物，如用糙米或五谷米饭取代白米饭，增加蔬菜的摄取量，吃新鲜水果而勿喝果汁等，如此可延缓血糖的升高，也比较有饱腹感。孕妈妈千万不可无限量地吃水果。

每 100 克猕猴桃含糖约为 14 克，是含糖量较低的水果之一，糖尿病孕妈妈可以吃。将芹菜和猕猴桃制成果蔬汁，降糖效果显著。

▶ 千万不能忽视妊娠糖尿病

孕妈妈进食过量、运动减少、体重增加，再加上孕期的生理变化导致糖代谢紊乱，极易得糖尿病。虽说妊娠糖尿病是暂时性的，大多数到产后会痊愈，但如果孕妈妈患有糖尿病，那么胎宝宝发生先天畸形的概率将有所增加。因此，怀孕 24~28 周建议做妊娠糖尿病筛查。

吃甘蔗时要注意，生虫变坏或被霉菌污染有酒糟味时绝不可食用，以免中毒，威胁母子健康。

✖ 不宜吃田鸡

田鸡肉中有大量的化学杀虫剂，孕妈妈食用后，会使胎宝宝甲状腺素分泌减少，导致胎宝宝的大脑和神经系统发育受到阻碍，进而影响胎宝宝的智力发育。

孕妈妈吃田鸡肉还会增加自己和胎宝宝感染寄生虫的机会。当孕妈妈感染后，寄生虫会在体内释放毒素，使得组织发生炎性改变，甚至溶解、坏死，形成脓肿。寄生虫的幼虫可以通过胎盘危害胎宝宝，在孕早期可引起死胎、流产；在孕中晚期会引起胎宝宝畸形。

✖ 不宜多吃甘蔗

甘蔗中含有大量蔗糖，孕妈妈食用后，蔗糖会进入胃肠道消化分解，这会使孕妈妈体内的血糖浓度增高，同时，摄入过多糖分，还会导致孕妈妈发胖。另外，摄入较多糖类会影响孕妈妈对其他营养物质的摄入，从而导致营养不均衡，影响胎宝宝的正常发育。所以，孕妈妈不宜多吃甘蔗。

✖ 不宜吃芥末和胡椒

孕妈妈不能吃芥末和胡椒，因为芥末和胡椒都属于热性食物，具有很强的刺激性，容易消耗肠道水分，造成肠道干燥、便秘。肠道发生便秘后，孕妈妈必然用力排便，引起腹压增大，压迫子宫内的胎宝宝，容易造成胎动不安、胎宝宝发育畸形、羊水早破、早产等不良后果。

✖ 不宜常吃松花蛋

孕妈妈在孕期最好不吃松花蛋。因为松花蛋含铅，如果孕妈妈的血铅水平过高，会直接影响胎宝宝的生长发育，导致宝宝出生后身材矮小、性早熟、肥胖等，甚至造成先天弱智或畸形。为了宝宝的健康，孕妈妈在孕期最好不要吃松花蛋。

⊗ 不宜吃可以利尿的食物

有利尿作用的食物会增加尿频的次数，为了缓解尿频，孕妈妈应尽量远离这些食物。咖啡、红茶含有咖啡因而具有利尿的作用，酒精和含有矿物质的矿泉水也有利尿的作用，不适宜尿频的孕妈妈饮用。

⊗ 不宜过多食用红枣

红枣可以每天都吃，但是不能过量，否则会给消化系统造成负担，引起胃酸过多、腹胀等症，一般一天吃两三个就可以了。吃太多红枣还易引起蛀牙。另外，湿热重、舌苔黄的孕妈妈不适合吃红枣。红枣含糖量高，有妊娠糖尿病的孕妈妈不宜食用。

⊗ 忌过量吃猪肝

孕妈妈适量吃猪肝可防止孕期贫血，但猪肝内含有较多胆固醇和一些代谢物质，而且饲料中非法添加的激素、瘦肉精等也会蓄积在动物肝脏，长期过量食用，有可能导致胎宝宝畸形，并影响孕妈妈自身的健康。

⊗ 忌太贪嘴

不要因为嘴馋而吃一些不干净的食物，以免引起细菌感染，影响胎宝宝正常发育。平时孕妈妈要避免吃下列食物：太甜的食物及人工甜味剂和人造脂肪，包括白糖、糖浆、阿斯巴甜糖果及朱古力、可乐或人工添加甜味素的果汁饮料、罐头水果、人造奶油、冰冻果汁露、含糖花生酱、沙拉酱等。

⊗ 忌过量食用荔枝

从中医角度来说，孕妈妈体质偏热，阴血往往不足。荔枝同桂圆一样也是热性水果，过量食用容易发生便秘、口舌生疮等上火症状，而且荔枝含糖量高，血糖易升高，易使孕妈妈患上孕期糖尿病。所以，孕妈妈不要吃太多荔枝。

荔枝是温性水果，含糖量又高，为了避免上火和血糖升高，孕妈妈要少吃，每天吃 100 克左右即可。已经有糖尿病的孕妈妈就不要再吃啦。

第 25 周营养食谱搭配

一日三餐科学合理搭配方案

胎宝宝大脑再次快速发育，所以对脂质和必需脂肪酸的需要进一步增加。

早餐

莴苣猪肉粥

主要原料：莴苣 30 克，大米 50 克，猪肉 150 克，盐、香油各适量。

做法：① 莴苣去皮、洗净，切丝；大米洗净。② 猪肉洗净，切成末，放入碗内，加盐腌 10~15 分钟。③ 大米煮至开花，加入莴苣丝、猪肉末，改文火煮至米烂汁黏，放入盐、香油搅匀即可。

● 营养功效：莴苣具有通便利尿的功效。

午餐

糯米麦芽团子

主要原料：糯米粉、小麦芽各 100 克。

做法：① 将小麦芽洗净，晾干，然后将小麦芽磨成粉。② 将糯米粉、小麦芽粉加水和成面团，捏成大小适宜的团子，蒸熟即可食用。

● 营养功效：小麦芽富含维生素 E、亚油酸、亚麻酸、酶等优质营养素，对促进胎宝宝生长发育十分有益。

晚餐

西红柿菠菜面

主要原料：菠菜 50 克，面条 100 克，西红柿、鸡蛋各 1 个，盐适量。

做法：① 鸡蛋打匀成蛋液；菠菜洗净，切段；西红柿洗净，切块。② 油锅烧热，放入西红柿块煸出汤汁，加水烧沸，放入面条，煮至完全熟透。③ 将蛋液、菠菜段放入锅内，用大火再次煮开，出锅时加盐调味。

● 营养功效：西红柿菠菜面可增强食欲，还利于孕妈妈的消化吸收。

芝麻酱拌苦菊

主要原料：苦菊 100 克，芝麻酱、盐、醋、白糖、蒜泥各适量。

做法：① 苦菊洗净后沥干水。② 芝麻酱用适量温开水化开，加入盐、白糖、蒜泥、醋搅拌成糊状。③ 把拌好的芝麻酱倒在苦菊上，拌匀即可。

● **营养功效：**苦菊水分充足，并富含维生素，是孕妈妈清热降火的佳品。

奶香西红柿培根口蘑汤

主要原料：西红柿 3 个，培根、口蘑、面粉、牛奶、紫菜、盐、黄油各适量。

做法：① 将培根用油煎一下，切块；西红柿用开水烫一下，去皮后用粉碎机打成泥；口蘑切片。② 炒锅上火，加黄油、少许面粉煸炒一下，加口蘑、紫菜、牛奶和西红柿泥，另外加水调成适当的稀稠度，加盐调味。③ 做好的汤倒入碗中即可。

● **营养功效：**此汤营养丰富，开胃美观，孕妈妈可以配着面包一起吃。

香肥带鱼

主要原料：带鱼 1 条，牛奶半袋（125 毫升），番茄沙司、熟芝麻、盐、淀粉各适量。

做法：① 带鱼切成长段，然后用盐拌匀，腌制 10 分钟，再拌上淀粉。② 将带鱼段入油锅炸至金黄色时捞出。③ 锅内加适量水，再放入牛奶、番茄沙司，待汤汁烧开时放盐、淀粉，不断搅拌，出锅后浇在带鱼段上，最后撒入熟芝麻。

● **营养功效：**带鱼的蛋白质含量丰富，对孕妈妈有一定的补益作用。

第 26 周营养食谱搭配

一日三餐科学合理搭配方案

胎宝宝体重在不断增长，孕妈妈在保证营养摄入充足的同时，也要注意把自己的体重控制在每周增长300克左右，避免超重。

早餐

红薯饼

主要原料： 红薯 150 克，糯米粉 50 克，豆沙馅、蜜枣、白糖、葡萄干各适量。

做法： ①红薯煮熟，捣碎后与糯米粉和匀成面团。②将红薯面揉成丸子状，包入豆沙馅、蜜枣、白糖、葡萄干，压平。③入油锅煎熟即可。

● 营养功效：红薯含丰富的膳食纤维，能保证孕妈妈消化系统的健康。

午餐

鳗鱼饭

主要原料： 鳗鱼 1 条，油菜 50 克，竹笋 2 根，熟米饭 150 克，盐、料酒、酱油、白糖、高汤各适量。

做法： ①鳗鱼洗净、切块，放入盐、料酒、酱油腌制半小时；竹笋、油菜洗净，竹笋切片。②把腌制好的鳗鱼放入烤箱，温度调到 200℃，烤 6~8 分钟。③油锅烧热，放入笋片、油菜略炒，放入烤熟的鳗鱼，加入高汤、酱油、白糖，待锅内的汤几乎收干了方可出锅，将油菜码在盘边，将炒好的鳗鱼浇在米饭上即可。

● 营养功效：鳗鱼对本月胎宝宝大脑发育极为有利。鳗鱼含有丰富的胶原蛋白，有助于孕妈妈养颜美容，延缓衰老。

晚餐

冰糖五彩玉米羹

主要原料： 玉米粒 100 克，鸡蛋 2 个，豌豆 30 克，菠萝、枸杞子各 20 克，冰糖、淀粉各适量。

做法： ①将玉米粒蒸熟；菠萝洗净，切丁；豌豆洗净。②加菠萝丁、豌豆、枸杞子、冰糖，煮 5 分钟，加适量淀粉，使汁变浓。③将鸡蛋打碎，撒入锅内成蛋花，加入蒸熟的玉米粒，烧开后即可食用。

● 营养功效：玉米中含有丰富的营养素和膳食纤维，具有益肺宁心，防治便秘，健脾开胃，补血健脑之功效。

苹果玉米汤

主要原料： 苹果 1 个，玉米 200 克，盐适量。

做法： ①苹果、玉米洗净，切成小块。②把苹果块、玉米块放入锅中，加适量水，大火煮开。③转小火煲 40 分钟，加盐调味即可。

- 营养功效：这道苹果玉米汤具有很好的利尿效果，有利于消除孕期水肿，还能使孕妈妈的眼睛清澈水灵，皮肤更有光泽。

里脊肉炒芦笋

主要原料： 里脊肉 150 克，芦笋 3 根，蒜 4 瓣，木耳、胡椒粉、水淀粉、盐各适量。

做法： ①芦笋洗净，切段；蒜切末。②木耳泡发，洗净，撕成小朵。③里脊肉洗净，切成条状，尽量和芦笋段一样粗细。④油锅烧热，放入蒜末炒香，然后放入里脊肉丝、芦笋段、木耳翻炒均匀。⑤加胡椒粉、盐炒熟，用水淀粉勾芡即可。

- 营养功效：里脊肉鲜美爽嫩，而芦笋具有低热量、高营养的特点，荤素搭配能促进孕妈妈的营养吸收。

金针菇拌肚丝

主要原料： 熟猪肚 200 克，金针菇 100 克，葱丝、姜丝、白糖、盐各适量。

做法： ①熟猪肚切丝备用；金针菇洗净切掉根部，切成两段。②金针菇放入沸水锅中，焯至断生，捞起沥干，和肚丝放到一起，撒上葱丝和姜丝。③另起锅，倒进 3 大勺油，加热至油开始冒烟后，迅速倒在撒了葱丝的肚丝上，放进少许盐、白糖拌匀即可。

- 营养功效：金针菇被称为"益智菇"，对胎宝宝的智力发育极有好处。

第 27 周营养食谱搭配

一日三餐科学合理搭配方案

胎宝宝继续生长发育，孕妈妈的营养也需要源源不断地供给。此时在少吃多餐的情况下，还要注意吃些富含膳食纤维的食物，以防便秘。

早餐 炒馒头

主要原料： 馒头、西红柿、鸡蛋各1个，木耳2朵，盐、葱末各适量。

做法： ①馒头、西红柿分别切块；木耳泡发，切块。②锅里加油，倒入鸡蛋液翻炒，加木耳、西红柿，最后加盐和馒头块翻炒，出锅后撒上葱末。

● **营养功效：** 这道主食富含铁、胡萝卜素，可满足胎宝宝发育的需要。

午餐 香菇炖鸡

主要原料： 鸡1只，香菇30克，葱、姜、料酒、高汤、盐各适量。

做法： ①葱切段；姜切片；将香菇用温水泡开，洗净。②鸡去内脏，洗净，切块，然后放入开水中焯一下，捞出洗净。③锅内放入高汤和鸡块，大火烧开，撇去浮沫。④放入料酒、盐、葱段、姜片、香菇，中火炖至鸡块熟烂。

● **营养功效：** 香菇含有丰富的B族维生素和钾、铁等营养元素，有助于提高孕妈妈的抵抗力，预防水肿。当作中餐时，孕妈妈可以搭配一些清淡的汤、凉菜、小炒，调和香菇炖鸡浓郁的味道。

晚餐 蜜汁南瓜

主要原料： 南瓜300克，红枣、白果、枸杞子、蜂蜜、白糖、姜片各适量。

做法： ①南瓜去皮，洗净，切丁；红枣、枸杞子用温水泡发，待用。②切好的南瓜丁整齐放入盘里，加入红枣、枸杞子、白果、姜片，入蒸笼蒸15分钟。取出，去掉姜片，轻轻扣入碗里。③锅洗干净，上火放少许油，加适量水、白糖和蜂蜜，小火熬制成汁浇在南瓜上即可。

● **营养功效：** 南瓜含有丰富的膳食纤维、维生素及碳水化合物，是预防妊娠高血压的好食材。

阿胶枣豆浆

主要原料：黄豆 50 克，阿胶枣 25 克，草莓 5 个。

做法：① 黄豆洗净，用水浸泡 10 小时。② 将泡发的黄豆放入豆浆机中，打成豆浆，并将打好的豆浆过滤，除去豆渣，晾凉。③ 草莓洗净，将阿胶枣、草莓一同放入豆浆机中，打 10 秒左右，待原料充分搅碎即可。

● **营养功效：**阿胶枣含有多种氨基酸、钙、铁等多种矿物质，有补血、滋阴、润燥、止血等多种功效，能滋补身体，养颜养身。不过，孕妈妈吃完阿胶枣之后，要多漱口，以免损伤牙齿。

糖醋西葫芦丝

主要原料：西葫芦 200 克，蒜末、花椒粒、盐、醋、白糖、淀粉各适量。

做法：① 西葫芦洗净，去子，切丝。② 锅内放油，放入花椒粒，炸至变色，捞出花椒。③ 油锅里放入蒜末，煸香，倒入西葫芦丝翻炒均匀。④ 盐、白糖、醋、淀粉和水调成汁，沿锅边淋入锅里，翻炒均匀。

● **营养功效：**西葫芦含有多种 B 族维生素，可保持细胞的能量充沛，让胎宝宝健康又漂亮。

鱼头豆腐汤

主要原料：三文鱼头 1 个，豆腐 500 克，姜、枸杞子、黄酒、盐各适量。

做法：① 鱼头一切为二，洗干净，用加了黄酒的盐开水烫 2 分钟；豆腐切块。② 将鱼头、豆腐放入汤锅内，并加水大火烧开。③ 放入姜片、黄酒、枸杞子，小火炖熟，最后加盐调味。

● **营养功效：**三文鱼除了是高蛋白、低热量的健康食物外，还含有多种维生素以及钙、铁、锌、镁、磷等矿物质，对胎宝宝的生长发育有促进作用。

糙米绿豆糊

早餐

主要原料：糙米 80 克，绿豆 30 克，莲子 15 克，白糖适量。

做法：①绿豆淘洗干净，用水浸泡 10~12 小时。②糙米、莲子淘洗干净，浸泡 3 小时。③将糙米、绿豆、莲子一同倒入豆浆机中，加水至上下水位线之间。④制作完成后，加白糖调味即可。

- 营养功效：糙米的升糖指数比白米低得多，B 族维生素的含量却很高。孕妈妈可以在煮饭的时候加一点糙米，口感更好，营养也更全面。

豆角焖米饭

午餐

主要原料：大米 200 克，豆角 100 克，盐适量。

做法：①豆角、大米洗净。②豆角切粒，放在油锅里略炒一下。③将豆角粒、大米放在电饭锅里，再加入比焖米饭时稍多一点的水焖熟，再根据自己的口味适当加盐即可。

- 营养功效：豆角含有丰富的蛋白质、维生素等营养素，对胎宝宝此阶段的发育非常有帮助。

炒素三丁

晚餐

主要原料：土豆 200 克，红椒、黄瓜各 100 克，花生仁 50 克，葱末、白糖、盐、香油、水淀粉各适量。

做法：①将红椒、黄瓜、土豆洗净，切丁；将花生仁、土豆丁分别过油炒熟。②锅中倒油烧热，煸香葱末，放入红椒丁、黄瓜丁、土豆丁、花生仁，大火快炒，加白糖、盐调味，用水淀粉勾芡，最后淋香油即可出锅。

- 营养功效：此菜含碳水化合物、维生素、膳食纤维等各种营养素，有利于胎宝宝的发育。

木耳炒鸡蛋

主要原料：木耳 1 小把，鸡蛋 2 个，西红柿 1 个，盐适量。

做法：①西红柿洗净切块；木耳泡发。②鸡蛋加入适量盐，打散。油锅烧热倒入鸡蛋液，炒成块，盛出备用。③油锅烧热，加入木耳和西红柿，翻炒均匀。④倒入炒好的鸡蛋块，炒匀后，加入适量盐，装盘即可。

- 营养功效：木耳润肺凉血，鸡蛋营养丰富，本菜品味道鲜香，能有效地吊起孕妈妈的食欲。

清炖鸽子汤

主要原料：鸽子 1 只，鲜香菇 5 朵，木耳 2 朵，山药半根，红枣 4 颗，枸杞子 8 粒，葱段、姜片、盐、料酒各适量。

做法：①香菇洗净；木耳泡发后洗净，撕成片；山药削皮，切块。②水烧开，加料酒，将鸽子放入，去血水和浮沫。③砂锅放水烧开，放姜片、葱段、红枣、香菇和鸽子，小火炖 1 小时。④再放入枸杞子、木耳，炖 2 分钟；最后放山药，炖至酥烂，加盐调味即可。

- 营养功效：清炖鸽子汤不仅是孕妈妈很好的滋补佳品，还能为胎宝宝这一时期皮肤和胎脂的发育提供营养，适合孕妈妈食用。

海米炒洋葱

主要原料：水发海米 30 克，洋葱 150 克，姜丝、葱末、酱油、料酒、盐各适量。

做法：①洋葱去皮，切成丝放盘中；水发海米洗净，放碗中待用。②将料酒、酱油、盐、姜丝放另一碗中调成汁。③油锅烧热，加入洋葱、海米，烹入调味汁炒熟，出锅后撒上葱末即可。

- 营养功效：洋葱营养价值极高，其肥大的鳞茎中含丰富的糖、维生素、钙、磷、铁，以及 18 种氨基酸，是不可多得的保健食品，孕中期的孕妈妈应该经常吃。

第 28 周营养食谱搭配

一日三餐科学合理搭配方案

这周结束后就要进入孕晚期了，增大的子宫压迫肠胃，很多孕妈妈食欲大减，这时可以少吃多餐、细嚼慢咽，以减轻消化道的压力。

早餐

小米面茶

主要原料：小米面 100 克，芝麻 40 克，麻酱、盐、姜粉各适量。

做法：①芝麻炒熟，擀碎，加盐，制成芝麻盐。②锅内加水、姜粉，烧开后放小米面搅拌，开锅后盛入碗内。③麻酱调匀，淋入碗内，再撒入芝麻盐。

● 营养功效：面茶中的卵磷脂可为胎宝宝神经发育提供营养素。

午餐

苦瓜煎蛋

主要原料：苦瓜 150 克，鸡蛋 2 个，蒜、盐各适量。

做法：①蒜切碎，剁成蒜蓉。②苦瓜洗净，切成小粒，用盐水焯一下，变色后捞出，沥干。③鸡蛋加盐打散，放入苦瓜粒，搅拌均匀。④油锅烧热，倒入苦瓜蛋液，小火煎至两面金黄。⑤关火，用铲切成小块即可，可以撒上蒜蓉吃。

● 营养功效：中医认为，夏天要吃"苦"，可以消暑热，降火气。苦夏的孕妈妈可以吃苦瓜、芹菜、莴苣、萝卜等。而且，苦瓜中丰富的维生素 C 正好弥补了鸡蛋缺乏维生素 C 的不足，让孕妈妈吸收的营养更全面。

晚餐

西红柿面疙瘩

主要原料：西红柿、鸡蛋各 1 个，面粉 80 克，盐适量。

做法：①面粉中边加水边用筷子搅拌成颗粒状的面疙瘩；鸡蛋打散；西红柿洗净，切小块。②锅中放油，放西红柿煸出汤汁，加水烧沸。③将面疙瘩慢慢倒入西红柿汤中，煮 3 分钟后，淋入蛋液，放盐调味。

● 营养功效：鸡蛋中卵磷脂的含量十分丰富，能有效促进胎宝宝身体比例更加协调地发育。

香干拌青芹

主要原料: 绿豆芽、香干各50克,芹菜200克,香油、米醋、盐、蒜泥各适量。

做法: ①绿豆芽洗净,掐去两头;芹菜洗净,切成3厘米长的段。两者分别放入开水锅内焯一下(不能焯烂),用凉开水泡凉,沥水备用。②香干洗净,切成细丝,放入芹菜、绿豆芽中,加入香油、米醋、盐、蒜泥,拌匀即成。

● **营养功效:** 绿豆芽、芹菜和香干含有丰富的铁、钙、磷、维生素C、蛋白质等多种营养素,可预防高血压、血管硬化、贫血、神经衰弱等。

槐花猪肚汤

主要原料: 猪肚200克,木耳2朵,槐花6朵,盐、香油各适量。

做法: ①猪肚用盐擦洗,除去黏液,冲洗干净,切块;木耳泡发,去蒂;槐花洗净后煮水,去渣留汁。②将猪肚与5杯清水一起放入锅内,煮开后加木耳、槐花汁,煮至猪肚熟软,加盐调味,淋上香油即可。

● **营养功效:** 猪肚是滋补的佳品,还能补脑益智,在胎宝宝大脑发育的第2个高峰期食用最合适不过。

枸杞松子爆鸡丁

主要原料: 鸡肉150克(约半碗),松子仁1小勺,核桃仁2颗,鸡蛋1个(取蛋清),枸杞子、姜末、葱末、盐、酱油、料酒、水淀粉、鸡汤各适量。

做法: ①鸡肉洗净,切丁,用鸡蛋清、水淀粉抓匀,将鸡肉丁炒一下,沥油。②核桃仁、松子仁分别炒熟;将所有调料和鸡汤调成汁。③锅置火上,放调料汁,倒入鸡丁、核桃仁、松子仁、枸杞子翻炒均匀即可。

● **营养功效:** 松子对胎宝宝本月大脑皮层沟回的出现和脑组织的快速增殖有极好的促进作用。松子还能改善孕妈妈在怀孕中的各种皮肤问题。

孕8月
储备能量，蓄势待发

从这个月开始，就进入了孕晚期，孕妈妈子宫增大更加迅速，宫高达到 25~28 厘米，腹部隆起极为明显。随着子宫挤压胃部，孕妈妈会觉得胃口不好了，这时可以少吃多餐，多吃一些有养胃作用、易于消化吸收的粥和汤羹。

本月胎宝宝发育所需营养素

这个月末，胎宝宝会增长到2100克左右，随着皮下脂肪的出现，身体逐渐丰满，头发变浓密，眼睛会睁开去寻找孕妈妈腹壁外的光源，肺和胃肠功能也更接近成熟。现在胎宝宝的身体就要倒转过来，做好头向下的体位准备了。本月仍然是胎宝宝大脑细胞增殖的高峰，需要提供充足的必需脂肪酸以满足大脑发育所需，多吃海鱼有利于DHA的供给。

营养大本营

从这个月开始，就进入孕晚期了，此时胎宝宝开始在体内储存营养，相应地，孕妈妈对营养的需求也就特别大，为了不久就要见面的小宝宝，一定要加油！

DHA　在怀孕的最后 3 个月，孕妈妈体内会产生两种和 DHA 生成有关的酶。在这两种酶的帮助下，胎宝宝的肝脏可以利用母血中的 α - 亚麻酸来生成 DHA，帮助发育完善大脑和视网膜。据研究，α - 亚麻酸通过人体自身不能合成，只有直接食用含有它的食物才能达到补充效果，由于本周胎宝宝大脑处于迅速成长的特别阶段，专家建议孕妈妈每天应补充 1 克左右。

铁　孕晚期补铁至关重要。尤其在怀孕最后 3 个月，胎宝宝除了造血之外，其脾脏也需要贮存一部分铁。如果此时储铁不足，宝宝在婴儿期很容易发生贫血，孕妈妈也会因缺铁而贫血，一旦发生产后出血，不利于机体的恢复。所以，在孕晚期一定要注重铁元素的摄入。

蛋白质　本月，母体基础代谢率增至最高峰，胎宝宝生长速度也增至最高峰，孕妈妈应尽量补足因胃容量减小而减少的营养。其中，优质蛋白质的摄入能很好地为孕妈妈和胎宝宝补充所需的营养。

孕期出现水肿怎么办

到了怀孕的后期，
有些孕妈妈开始出现水肿的现象，
尤其是脚踝、小腿等部位。

· 孕妈妈出现水肿后，可以通过饮食来调整，能起到缓解的作用。保证每天摄入含有丰富优质蛋白质的鱼、虾、蛋、奶等动物类食物及大豆类食物。

· 保证每天食用足够的蔬菜和水果。

· 吃清淡的食物，不要吃过咸的食物，尤其是咸菜，以防止水肿加重。

碳水化合物是本月明星营养素

第 8 个月，胎宝宝开始在肝脏和皮下储存糖原及脂肪，如果孕妈妈的碳水化合物摄入不足，就容易造成蛋白质缺乏或酮症酸中毒。结合孕妈妈的体重，碳水化合物每天摄入量应在 150 克以上。如果本月孕妈妈每周体重增加 350 克，即说明碳水化合物摄入合理。

妈妈宝宝营养情况速查

怀孕的最后 3 个月，胎宝宝生长很快，孕妈妈的胃口比以往任何时候都要好，进食量也随之增加，每天的主食需要 300~350 克，荤菜也可增加到 200 克。

蛋白质

腐竹
凉拌、炒食
（每周 1 次）

碳水化合物

西瓜
清热解暑
（每周 1 次）

葡萄
宜用淘米水清洗
（每周 2 次）

矿物质

海蜇
不要吃太多
（每周 1 次）

紫菜
缓解孕期水肿
（每周 2 次）

海鱼
黄花鱼、带鱼、鳕鱼等
（每周 1 次）

虾
不宜与樱桃同吃
（每周 1 次）

铁

香菇
干香菇泡发食用
（每周 2 次）

海带
烹调不要加醋
（每周 1 次）

蚕豆
煮食最佳
（每周 1 次）

豇豆
煮熟透食用
（每周 1 次）

苋菜
炒食或做汤
（每周 1 次）

α-亚麻酸

亚麻子油
提高免疫力
（每周 5 次）

茶油
预防妊娠纹
（每天 1 次）

葵花子
预防妊娠高血压
（每周 2 次）

核桃
宜吃原味核桃
（每天 3 个）

松子
不宜存放时间过长
（每天 10 粒）

杏仁
适合吃甜杏仁
（每周 1 次）

孕 8 月饮食原则和重点

本月，孕妈妈要适当多吃一些富含维生素的食物，不仅有利于胎宝宝的发育，也利于打造顺产体质。除此之外，孕妈妈也要注意防止营养过剩，避免摄入太多高热量的食物，导致体重增长过多、过快。

孕晚期孕妈妈吃水果要适量，每天两三个就可以，而且不要只吃 1 种，只要有益于孕妈妈和胎宝宝的水果都可以适量选用。

预防消化不良，稳定体重

孕妈妈要坚持少吃多餐，睡前 1 杯牛奶能缓解孕晚期因胎宝宝压迫而产生的疼痛现象。避免高热量食物，以免体重增长过快。孕晚期每周体重增加 0.3 千克左右比较合适，不宜超过 0.5 千克。

继续低盐饮食，控制盐摄入量

孕妈妈子宫增大更加迅速，宫高在 25~28 厘米，腹部隆起极为明显，肚脐突出，增大的子宫压迫着胃部、心脏和肺部，带来胃痛和心口堵的感觉，影响孕妈妈的食欲和睡眠质量。越是到这时候，孕妈妈越要坚持低盐饮食。

控制饮食，避免过度肥胖

孕晚期，孕妈妈每天的主食需要达到 300~400 克，荤菜每餐也可增加到 25~100 克，但是要控制淀粉、糖、盐的摄入量，以免引起过度肥胖，引发妊娠期的糖尿病、高血压等。如果孕妈妈的体重已经超标了，可以适当减少米、面等主食的摄入量，少吃水果。必要的时候，孕妈妈需要到医院咨询，制定个性化的饮食。

体重超标怎么办

孕中晚期是孕妈妈体重迅速增长、胎宝宝迅速成长的阶段，很多孕妈妈体重增长会超标，也是妊娠高血压、糖尿病的高发期。这一时期，孕妈妈要经常监测体重，发现体重增长过快就应在饮食上加以纠正并适当控制高脂高糖食物，以减少热量摄入。此时孕妈妈的主食最好是米面和杂粮搭配，副食则要全面多样、荤素搭配。

孕 8 月饮食宜忌

孕 8 月，胎宝宝体重增加较快，孕妈妈的营养补充要充足，营养增加总量应为孕前的 20%~40%。此时孕妈妈的饮食要合理安排，不能营养不良，也不能营养过剩，以免使体重增加过快或过慢。

宜减少主食的摄入量

孕 29~40 周是孕晚期阶段，胎宝宝生长速度最快，很多孕妈妈体重仍会急剧增加。这个阶段除正常饮食外，可以适当减少米、面等主食的摄入量，不要吃太多水果，以免自身体重增长过快和胎宝宝长得过大。

宜喝一点低脂酸奶

益生菌是有益于孕妈妈身体健康的一种肠道细菌，而酸奶的特点就是含有丰富的益生菌。另外，在酸奶的制作过程中，发酵能使奶质中的乳糖被分解为葡萄糖和半乳糖，孕妈妈妈饮用之后，发生乳糖不耐受的情况大大降低。

宜时刻预防营养过剩

孕期，由于母体要为胎宝宝的生长发育、生产和哺乳做准备，因此，激素的调节使生理上发生很大变化，对营养物质的需求量比孕前有很大增加，食欲剧增。尤其在孕中、晚期，此时孕妈妈一定要注意营养不宜过剩。孕期热能和某些营养素的过剩，会对孕妈妈及胎宝宝产生不利的影响。孕期营养过剩，尤其热能及脂肪摄入过多，可导致胎宝宝巨大和孕妈妈患肥胖症，这会使患妊娠高血压综合征及难产的概率增加。因此，孕期营养要保持合理、平衡的状态，使体重保持理想状态。孕妈妈应每周称一次体重，以便及时调整饮食方案。

宜吃一些绿豆

绿豆富含碳水化合物、蛋白质、多种维生素及锌、钙等矿物质，对孕妈妈十分有利。此外，绿豆味甘，性寒，有清热解毒、消暑止渴、利水消肿之功效，是孕妈妈补锌及防治孕期水肿的食疗佳品。

绿豆性寒，孕妈妈不宜过多食用。可将绿豆和大米煮成粥喝，如果要单独用绿豆煮汤饮用，应煮至绿豆熟烂，才不至于太过寒凉。

鸡蛋含有大量的蛋白质以及人体所需的各种微量元素,适宜孕妈妈食用。但孕妈妈不能每次吃过多,以免影响对其他食物的摄入,每天一两个就可以。

宜荤素搭配

孕晚期,胎宝宝的体重增加很快,如果营养不均衡,孕妈妈往往会出现贫血、水肿、高血压等并发症。

要想达到均衡多样的营养,孕妈妈就要注意平衡膳食。孕妈妈所吃的食物品种应多样化、荤素搭配、粗细粮搭配、主副食搭配,且这种搭配要恰当。副食品可以选择牛奶、鸡蛋、豆制品、禽肉类、鱼虾类和蔬果类。

总而言之,孕妈妈不能挑食,还要适当补充铁,防止贫血;补充钙、磷等有助于胎宝宝骨骼及脑组织发育。补充钙质可经常吃些牛奶、豆制品、骨头汤和虾皮等。

宜增加铜的摄入

为了减少胎膜早破的危害,还应增加铜的摄入量。铜在胶原纤维的胶原和弹性蛋白的成熟过程中起重要作用,而胶原和弹性蛋白又为胎膜提供了特别的弹性与可塑性。如铜元素水平低就极易导致胎膜变薄,弹性和韧性降低,从而发生胎膜早破。人体内的铜往往以食物摄入为主。含铜量高的食物有动物肝、豆类、海产类、水产品、蔬菜、水果等。

宜使用铁制炊具烹调

做菜时尽量使用铁锅、铁铲,这些炊具在烹制食物时会产生一些小碎铁屑溶解于食物中,形成可溶性铁盐,可以提高食物中铁的含量,辅助补铁。

为什么总是觉得烦躁不安和疲惫不堪

进入孕晚期,如果你比较容易烦躁不安和疲惫不堪,那也许就是贫血的征兆,所以需要多吃补铁的食物,如精瘦肉、强化早餐麦片等,这样也能满足宝宝的需要。即便这样还是不够的话,那就要遵照医嘱,额外补充铁剂了。

❌ 不宜饮用糯米甜酒

糯米甜酒和酒一样，都含有一定比例的酒精。与普通白酒不同的是，糯米甜酒中酒精浓度较低。但即使是微量酒精，也可通过胎盘进入胎宝宝体内，使胎宝宝大脑细胞的分裂受到阻碍，导致其发育不全，从而造成胎宝宝中枢神经系统发育障碍。

中国一些地方有给孕妈妈吃糯米甜酒的习惯。认为其具有补母体、壮胎儿的作用。实际上，糯米甜酒也是酒，也含有酒精。

常时间饮用含有酒精的糯米甜酒，时间长了会造成胎儿酒精综合征（FAS），将会导致伴随宝宝一生的一系列身体和行为缺陷，且无药可治。患 FAS 的胎宝宝会有以下临床表现：

1. 发育较其他胎宝宝更为缓慢。

2. 有学习障碍。

3. 面部会有畸形。

而对于母体来说，孕期本身肝脏、肾脏的功能负担就加重了，而酒精在体内主要是通过肝脏降解，由肾脏排出体外，孕妈妈摄入酒精无疑会加重肝脏和肾脏的负担。糯米甜酒虽然只含有少量酒精，但也有可能会对孕妈妈和胎宝宝造成伤害。所以，孕妈妈不宜食用糯米甜酒。

❌ 不宜过量食用坚果

坚果多是种子类食物，富含蛋白质、油脂、矿物质和维生素。多数坚果有益于孕妈妈和胎宝宝的身体健康，但因其油性比较大，而孕期消化功能相对减弱，过量食用坚果很容易引起消化不良。孕妈妈每天食用坚果以不超过 30 克为宜。

此外，不少坚果在加工过程中，经过炒制、腌制等工艺，过量食用易导致上火等。如果孕妈妈平时有过敏现象，最好避免食用某些容易引起过敏的食物，例如花生。

爆炒焦的坚果好吃但营养不高

爆炒的坚果由于味道鲜美，深受人们喜爱，如炒板栗、炒花生、椒盐核桃等，但这种味道鲜美的食物不见得有营养。坚果在爆炒的时候，很多营养元素会被破坏掉，甚至还有可能转化为致癌的苯并芘、丙烯酰胺等物质。因此，孕妈妈要少吃或不吃爆炒焦的坚果。

坚果是孕妈妈大爱的零食，但不宜多吃，每天最好不超过 30 克。如果坚果出现了霉变或有异味，孕妈妈绝对不要食用，以免导致身体产生不良反应。

❌ 不宜睡前吃胀气的食物

有些食物在消化过程中会产生较多的气体，从而产生腹胀感，妨碍孕妈妈正常睡眠。如蚕豆、青椒、茄子、土豆、红薯、芋头、玉米、香蕉、面包、柑橘类水果和添加木糖醇(甜味剂)的饮料及甜点等，孕妈妈要尽量避免晚餐及睡前食用这些食物。

❌ 不宜用豆浆代替牛奶

很多孕妈妈不爱喝牛奶，然后就用豆浆来代替。这其实是一大饮食误区，豆浆的营养成分根本不能代替牛奶。牛奶主要补充钙质和蛋白质，而且90%以上能被人体吸收，这些都是豆浆所不能达到的。虽然鼓励孕妈妈在孕期多吃一点豆制品，但不提倡用豆浆代替牛奶。

❌ 不宜随意服用排胎毒中药

民间说的胎毒，即内热。排胎毒在南方比较流行，老一辈人认为南方的气候和水质属于热性，很湿热。因此有各种各样的方法，如开口茶、龟苓膏或凉茶，但这些并不适合孕妈妈饮用，盲目服用会有隐患。

孕期饮食要注重科学合理，多喝水，多吃蔬菜，促进排便。避免服用排胎毒的中药，如甘草、黄连、朱砂、牛黄、轻粉等。另外，孕妈妈要仔细询问为自己做产前检查的医生，听从医生的指导。

民间所说的"胎毒"指什么

民间所说的"胎毒"，其实就是婴儿脂溢性皮炎，症状表现为婴儿皮肤上的皮疹现象，这种症状可能与母亲的内热体质有关。

生活中如何预防"胎毒"：

1. 如果是过敏体质，建议去大医院的皮肤过敏科详细筛查过敏原或听专家给出的建议，避免宝宝从母乳中获得这种过敏原。

2. 注意生活规律，劳逸结合，适当休息，才能保障机体的平衡，提高免疫力。

3. 保证充足的睡眠和良好的新陈代谢。

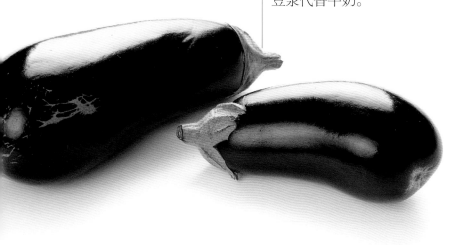

晚餐或者睡前吃茄子，容易造成腹胀等不适，影响孕妈妈的睡眠，因此，不建议这个时段食用，可作午餐。

❌ 不宜吃高热量的食物

在孕晚期，孕妈妈要注意少吃高热量的食物，以免体重增长过快，造成分娩困难。研究发现，在孕期大量摄取高热量食物的孕妈妈，其下一代体重过重的比例也比其他人要高。孕妈妈体重每周增加 350 克左右比较合适，不宜超过 500 克。

❌ 不宜吃生的凉拌菜

孕妈妈做凉拌菜的时候，最好先用沸水将蔬菜焯一下，高温杀菌后再吃比较安全。此外，可以选用优质的橄榄油凉拌，不但卫生，还有助于营养的吸收。

❌ 不宜孕晚期过胖

孕晚期胎宝宝发育迅速，孕妈妈的饮食量要相应增加，但是要控制淀粉、糖、盐的摄入量，以免引起过度肥胖，引发妊娠糖尿病、妊娠高血压等。

❌ 忌完全限制盐的摄入

虽然孕晚期少吃盐可以帮助孕妈妈减轻水肿症状，但是孕妈妈也不宜忌盐。因为孕妈妈体内新陈代谢比较旺盛，特别是肾脏的过滤功能和排泄功能比较强，钠的流失也随之增多，所以容易导致孕妈妈食欲缺乏、倦怠乏力，严重时会影响胎宝宝的发育。因此，孕晚期孕妈妈摄入盐要适量，不能过多，但也不能完全限制。

❌ 忌饭后马上吃水果

如果饭后立即吃水果，先到达胃的食物会阻碍胃对水果的消化，使水果在胃内停留的时间过长，容易引起腹胀、腹泻或便秘等症状，对孕妈妈和胎宝宝不利。

孕期吃水果的其他注意事项

不要用菜刀削水果：因为菜刀常接触生肉、鱼、蔬菜，会把寄生虫或寄生虫卵带到水果上，所以孕妈妈削水果时最好用专用的水果刀。

吃水果后要及时漱口：有些水果含有多种发酵糖类物质，对牙齿有较强的腐蚀性，食用后若不漱口，水果残渣易造成龋齿。

孕妈妈有时会食欲缺乏，一道鲜脆色亮的家常凉菜可能就会使孕妈妈胃口大开。但芦笋、虾等一定要焯熟后再凉拌吃。

第 29 周营养食谱搭配

一日三餐科学合理搭配方案

除了延续之前的营养补充方案外，还要适量吃一些坚果，以补充 α - 亚麻酸，帮助胎宝宝大脑、视网膜发育得更加完善。

早餐

南瓜早餐饼

主要原料： 南瓜 60 克，面粉 120 克，鸡蛋 1 个，奶酪 1 片，热狗肠 1 根。

做法： ①南瓜去皮，蒸至软烂，用勺压成泥。②鸡蛋、面粉、南瓜泥拌匀，加水调成面糊。③入油锅煎至两面金黄。④包入奶酪片和热狗肠，盛出。

● 营养功效：南瓜很清甜，奶酪有咸味，搭配在一起非常适合孕妈妈。

午餐

红烧鳝鱼

主要原料： 鳝鱼 250 克，蒜蓉、葱花、酱油、盐各适量。

做法： ①鳝鱼宰杀后去内脏、洗净，切成 3 厘米长的段，再在鳝鱼段上划几刀。②起油锅，放油烧热后，先放入蒜蓉，随即倒入鳝鱼段，翻炒 3 分钟，再焖炒 3 分钟；加盐、酱油、冷水 1 大碗，继续焖烧 20~30 分钟，至汁水快干时，盛出，撒入葱花。

● 营养功效：鳝鱼营养丰富，蛋白质含量高，脂肪含量低，还含有钙、磷、铁等多种重要的矿物质，孕中期常食鳝鱼可补血、补气。

晚餐

乌鸡糯米粥

主要原料： 乌鸡腿 1 只，糯米 100 克，葱白、盐各适量。

做法： ①乌鸡腿洗净，切成块，焯烫洗净，沥干，葱白切细丝。②将乌鸡腿加水熬汤，大火烧开后转小火，煮 15 分钟，倒入糯米，煮开后转小火煮。③待糯米煮熟后，再加入盐调味，最后放入葱丝焖一下。

● 营养功效：乌鸡肉脂肪较少，营养丰富，适合孕晚期食用。

鲜奶炖木瓜雪梨

主要原料： 鲜牛奶 1 袋（250 毫升），梨 100 克，木瓜 150 克，蜂蜜适量。

做法： ①梨、木瓜分别用水洗净，去皮，去核（瓤），切块。②梨、木瓜放入炖盅内，加入鲜牛奶和适量清水，盖好盖，先用大火烧开，改用小火炖至梨、木瓜软烂，加入蜂蜜调味即可。

● **营养功效：** 木瓜中维生素含量丰富，孕妈妈常吃既能提高免疫力，又能美容养颜。

西蓝花鹌鹑蛋汤

主要原料： 西蓝花 100 克，鹌鹑蛋 2 个，鲜香菇 5 朵，圣女果、盐各适量。

做法： ① 西蓝花切小朵。② 鹌鹑蛋煮熟剥壳；鲜香菇洗净，切十字刀；圣女果洗净。③ 将鲜香菇、鹌鹑蛋、西蓝花同煮至熟，加盐调味。④ 装盘时，放入圣女果即可。

● **营养功效：** 鹌鹑蛋中所含的必需脂肪酸，是胎宝宝大脑发育不可缺少的营养物质。

栗子扒白菜

主要原料： 白菜心 150 克，栗子 6 颗，葱花、姜末、水淀粉、盐各适量。

做法： ①白菜心洗净，切成小片。②栗子洗净，放入热水锅中煮熟，取出备用。③油锅烧热，放入葱花、姜末炒香，再放入白菜心与栗子，加适量水淀粉，最后加盐调味即成。

● **营养功效：** 栗子含丰富的维生素和矿物质，不仅能满足孕妈妈的营养需要，还能促进胎宝宝本月 5 种感觉器官的完全发育。

第30周营养食谱搭配

一日三餐科学合理搭配方案

这周，母体基础代谢率增至高峰，而且胎宝宝生长速度也达到高峰。孕妈妈应该继续实行一日多餐，均衡摄取各种营养素。

早餐 腐竹玉米猪肝粥

主要原料: 腐竹50克,大米、玉米粒、猪肝各30克,盐、葱花各适量。

做法: ①腐竹泡软,切段;大米、玉米粒均洗净。②猪肝洗净,焯烫后切薄片。③将腐竹、大米、玉米粒加水煮沸,放入猪肝煮熟,最后加盐,撒上葱花。

● 营养功效:猪肝中含有的铁,可防止发生产后贫血。

午餐 西红柿炖牛腩

主要原料: 牛腩200克,西红柿1个,葱段、姜片、蒜瓣、料酒、盐、白糖各适量。

做法: ①牛腩、西红柿分别洗净,切块。②牛腩凉水下锅焯水,捞出、洗净备用。③油锅烧热,煸香葱段、姜片、蒜瓣,放入牛腩块煸炒,并烹入料酒。④锅内加足量开水,大火烧开,转小火炖1小时。⑤放入切好的西红柿块,加盐和白糖调味。炖5分钟直至西红柿软烂出红油即可。

● 营养功效:西红柿可改善孕妈妈过敏,还可促进胎宝宝眼睛的发育,牛腩肉可满足胎宝宝造血和储血的需要。

晚餐 苹果土豆泥

主要原料: 苹果、土豆各1个,核桃仁1勺。

做法: ①土豆洗净,上锅蒸熟后去皮,切成小块。②苹果洗净,去核,切成小块。③将土豆块、苹果块倒入豆浆机,加适量水搅打细腻。④核桃仁掰碎,撒在苹果土豆泥上即可。

● 营养功效:这道苹果土豆泥最大的特点就是将膳食纤维完整地保存下来,有很好的润肠功效,而丰富的维生素C能帮助孕妈妈保持好气色。

凉拌萝卜丝

主要原料：青萝卜200克，盐、酱油、醋、白糖、辣椒油、白芝麻各适量。

做法：① 青萝卜洗净，去除根部、头部和外皮，放入清水中浸泡3分钟。② 取出后沥干水分，切成细丝，放入碗中，调入盐后搅匀，腌1分钟。③ 腌制后用手挤出萝卜丝里的水分，然后调入酱油、醋、白糖和辣椒油搅匀，最后撒上炒熟的白芝麻即可。

● **营养功效：**这道酸辣可口的凉拌小菜能为胎宝宝骨骼的快速生长提供钙质。吃萝卜还有助于孕妈妈排出体内废物。做这道菜时注意辣椒油的量。

松仁海带汤

主要原料：松子仁50克，水发海带100克，鸡汤、盐各适量。

做法：① 松子仁洗净；海带洗净，切成细丝。② 锅中放入鸡汤、松子仁、海带丝，用小火煨熟，加盐调味即可。

● **营养功效：**松子是很多美食主义者的大爱，孕妈妈也不例外。而且，松子含有大量的不饱和脂肪酸，经常食用可以强身健体、护肤美容，让孕妈妈有滋有味地美丽着。

黄花菜炒鹅肝

主要原料：鹅肝80克，青椒20克，干黄花菜10克，葱丝、姜丝、盐各适量。

做法：① 将青椒、鹅肝分别洗净，干黄花菜泡发，青椒切块，鹅肝切片，黄花菜切段。② 锅中放油，放姜丝和葱丝煸香，放入青椒块。炒至青椒起虎皮色后，将黄花菜倒入锅中一起煸炒。③ 最后将鹅肝倒入锅中翻炒，临出锅时加盐即可。

● **营养功效：**黄花菜和鹅肝同食，能增强胎宝宝大脑的活跃程度，对胎宝宝本月眼睛的发育也极有好处。

第 31 周营养食谱搭配

一日三餐科学合理搭配方案

这周，孕妈妈可适当增加肉食类及黄豆类食物的摄入，另外，早餐、晚餐、加餐可以多吃一些粥、汤及面条，易消化，又能提供充足的能量。

早餐　紫薯银耳汤

主要原料：银耳 50 克，紫薯 100 克，蜂蜜适量。

做法：① 银耳泡发；紫薯去皮，切成小粒。② 锅中加水，放入紫薯粒，煮至熟软。③ 放入泡好的银耳稍煮，放凉后调入蜂蜜即可。

● **营养功效：**此汤具有通肠的功效，能帮助孕妈妈预防便秘。

午餐　红烧牛肉面

主要原料：牛肉 50 克，面条 100 克，香菜末、葱段、酱油、盐各适量。

做法：① 葱段、酱油、盐放入沸水中，用大火煮 4 分钟，制成汤汁。② 将牛肉放入汤汁中，牛肉煮熟，取出晾凉切块。③ 面条放入汤汁中，大火煮熟后，盛入碗中，放入牛肉，撒上香菜末即可。

● **营养功效：**此面易于消化吸收，味道鲜美，有助于增强免疫力。

晚餐　海参豆腐煲

主要原料：海参、肉末各 80 克，豆腐 100 克，葱末、姜片、盐、酱油、料酒各适量。

做法：① 海参处理干净，切段，以沸水加料酒和姜片焯烫；肉末加盐、酱油、料酒做成丸子；豆腐切块。② 将海参放进锅内，加适量清水，放入葱末、姜片、盐、酱油、料酒煮沸，加入丸子和豆腐，与海参一起煮至入味即可。

● **营养功效：**此菜能让胎宝宝更健壮。海参营养丰富，能帮助孕妈妈增强免疫力，美容养颜，预防皮肤衰老。

虾仁油菜

主要原料：油菜 100 克，虾仁 20 克，盐适量。

做法：①油菜洗净，切成段；虾仁用温水略浸一下，倒出浮起的杂质。②油锅烧热，先煸油菜至半熟，然后把虾仁倒进去同烧至入味，加盐略炒即可。

- 营养功效：油菜中含有大量的膳食纤维，能促进肠道蠕动，可预防孕期便秘。

芦笋西红柿

主要原料：芦笋 6 根，西红柿 2 个，盐、香油、葱末、姜片、香油各适量。

做法：①西红柿洗净，切块；芦笋去硬皮，洗净，放入锅中焯 10 分钟后捞出，切下芦笋的嫩尖，剩下的部分切成小段。②锅中倒油烧热，煸香葱末和姜片，放入芦笋、西红柿一起翻炒。③翻炒至八成熟时，加适量盐、香油，翻炒均匀即可出锅。

- 营养功效：此菜富含维生素 C，能促进胎宝宝对铁的吸收，还能让胎宝宝皱巴巴的皮肤变细腻。

香油炒苋菜

主要原料：苋菜 200 克，蒜、盐、香油各适量。

做法：①苋菜去根，洗净切段；蒜切末。②锅内放少许油，油热后放蒜末煸炒，下苋菜翻炒几分钟，加盐调味，最后淋上香油即可。

- 营养功效：苋菜中含有大量的钙质，易被人体吸收，可促进骨骼和牙齿生长。而且它还含有丰富的铁元素，适合孕期贫血的孕妈妈食用。

早餐

牛奶香蕉芝麻糊

主要原料: 牛奶1袋(250毫升),香蕉1根,玉米面80克,白糖、芝麻各适量。

做法: ① 将牛奶倒入锅中,开小火,加入玉米面和白糖,边煮边搅拌,煮至玉米面熟。② 将香蕉剥皮,用勺子压碎,放入牛奶糊中,再撒上芝麻。

● **营养功效:** 牛奶、香蕉、芝麻能让孕妈妈精神放松,同时还可补充碳水化合物、膳食纤维。

午餐

南瓜蒸肉

主要原料: 小南瓜1个,猪肉150克,酱油、甜面酱、白糖、葱末各适量。

做法: ① 南瓜洗净,在瓜蒂处开一个小盖子,挖出瓜瓤。② 猪肉洗净切片,加酱油、甜面酱、白糖、葱末拌匀,装入南瓜中,盖上盖子,蒸2小时取出即可。

● **营养功效:** 这是一道为孕妈妈和胎宝宝补蛋白质和维生素的食物。

晚餐

虾肉水饺

主要原料: 面粉1碗,五花肉100克(约1/3碗),虾仁50克,冬笋末、香油、盐各适量。

做法: ① 虾仁洗净切碎;五花肉洗净剁碎,加盐、虾仁、香油、冬笋末拌成馅。② 面粉加水揉成面团,略饧、揉匀,揪剂、擀成饺子皮,包入馅料成饺子。③ 饺子入锅煮熟即可。

● **营养功效:** 虾肉含有优质蛋白质和钙、铁等营养素,对孕妈妈和胎宝宝都有益处,做成水饺也易于消化,孕妈妈可经常食用。

橙香鱼排

主要原料：鲷鱼1条，橙子1个，红椒半个，冬笋1根，盐、水淀粉各适量。

做法：①鲷鱼收拾干净，切大块；冬笋、红椒洗净，切丁；橙子取出肉粒。②锅中倒入适量油，鲷鱼块裹适量淀粉入锅炸至金黄色。③锅中放水烧开，放入橙肉粒、红椒、冬笋，加盐调味，用水淀粉勾芡，浇在鲷鱼块上即可。

● **营养功效：**橙子能补充维生素，还能提高胎宝宝的免疫力，为胎宝宝出生后抵御外界感染做准备。

蒸茄脯

主要原料：茄子500克，豆瓣酱、盐、白糖、葱末、蒜末、香油各适量。

做法：①茄子洗净，撕成块，放入盘中蒸熟。②将豆瓣酱、盐、白糖、葱末、蒜末、香油调成汁，倒入茄子盘中即可。

● **营养功效：**茄子所含维生素P能使血管壁保持弹性，经常吃茄子，有助于防治妊娠高血压。

五色沙拉

主要原料：紫甘蓝50克，圣女果2个，洋葱、生菜、黄椒各30克，黑胡椒粉、沙拉酱各适量。

做法：①紫甘蓝、黄椒洗净，切丝；洋葱洗净，切圈。②圣女果洗净，切片；生菜洗净，用手撕开。③将紫甘蓝丝、洋葱圈放入开水中焯一下，捞出沥干。④将所有材料加适量沙拉酱搅拌，撒上黑胡椒粉即可。

● **营养功效：**各种新鲜蔬菜搭配沙拉酱和黑胡椒粉，产生一种奇异的口感。喜欢沙拉的孕妈妈还可以加一些樱桃萝卜、黄瓜，做一道缤纷蔬菜沙拉。

第 32 周营养食谱搭配

一日三餐科学合理搭配方案

由于子宫不断增大，胃部受到挤压，因此孕妈妈很容易有饱腹感，吃一点就觉得饱了。此时，孕妈妈可少吃多餐，每天吃七八次都是正常的。

早餐

红薯甜饼

主要原料：红薯 200 克，糯米粉、白糖各适量。

做法：①将红薯蒸熟，压成泥。②加白糖、糯米粉，和成粉团。③取一小块粉团用手按压成小饼形，平底锅抹油，慢火煎至两面金黄熟透便可。

● 营养功效：红薯与米、面配合食用，可发挥蛋白质的互补作用。

午餐

荞麦凉面

主要原料：荞麦面条 100 克，酱油、海带丝、醋、盐、白糖、芝麻各适量。

做法：①荞麦面条煮熟，捞出，用凉开水冲凉，加酱油、醋、盐、白糖搅拌均匀。②最后再撒上海带丝和芝麻。

● 营养功效：荞麦中的蛋白质含量高于一般粮食类食物，有助于孕妈妈控制体重。

晚餐

豆皮虾肉卷

主要原料：油豆腐皮 100 克，虾仁 150 克，盐、酱油、白糖、高汤、香油各适量。

做法：①油豆腐皮用冷水浸一下，取出；虾仁用盐、酱油、白糖、高汤、香油抓拌。②将虾仁摆在油豆腐皮上，卷成卷儿，在蒸锅中蒸熟，切成段即可。

● 营养功效：油豆腐皮含钙、钾丰富，可使胎宝宝更强壮。

猕猴桃酸奶

主要原料： 猕猴桃 2 个，酸奶 250 毫升。

做法： ①猕猴桃削皮、切块。②将猕猴桃、酸奶放入榨汁机中，搅拌均匀即可。

● **营养功效：** 猕猴桃含有丰富的维生素 E 和维生素 C，可有效防止胎宝宝出生后患溶血性贫血，是其他饮品难以媲美的。

茴香拱蛋

主要原料： 茴香 300 克，鸡蛋 2 个，生抽、白糖、盐各适量。

做法： ①茴香洗净，切碎，放入碗中。②打入鸡蛋，加生抽、白糖、盐和少许油搅拌均匀。③将搅拌均匀的茴香蛋液倒入平底锅中，小火烘至两面金黄。④盛出切块，装盘即可。

● **营养功效：** 这道茴香拱蛋名字很有趣，胎宝宝一定会喜欢的。而清新的味道也会赢得孕妈妈的好感。为了让孕妈妈更喜欢，可以切成可爱的心形、星形、苹果形等。

淮山药腰片汤

主要原料： 冬瓜 250 克，猪腰 1 个，黄芪、淮山药各 20 克，香菇 2 朵，鸡汤、姜末、葱末、盐各适量。

做法： ①冬瓜削皮，切块；香菇泡软去蒂；猪腰洗净切片，用热水焯过。②鸡汤倒入锅中加热，放姜末、葱末、黄芪、冬瓜，用中火煮 40 分钟，再放猪腰、香菇、淮山药，煮熟后用慢火再煮片刻，放盐调好味即可。

● **营养功效：** 冬瓜有清热、消肿、强肾、降压的作用，孕妈妈食用可以有效预防妊娠高血压。

孕 9 月
一派欣欣向荣的
丰收景象

这个月的孕妈妈主要是为分娩做准备,为自身提供足够的能量,另一方面还要继续补充钙和铁,以满足胎宝宝的生长需要。

由于孕妈妈的胃部仍会有挤压感,影响食欲,每餐可能进食不多。同时,孕妈妈和胎宝宝的体重都处于上升的阶段,而孕妈妈不能贸然减肥,可以采取少吃多餐的方式,中间加餐以水果和蔬菜为主,让营养更容易被身体吸收,还能防止便秘。

本月胎宝宝发育所需营养素

这个月胎宝宝会长到大约2900克，皮下脂肪大为增加，呼吸系统、消化系统、生殖器官发育已接近成熟。此时胎宝宝出生存活率为99%。这个月末，胎宝宝的胎头开始降入骨盆，位置尚未完全固定。偶尔孕妈妈会因胎动而感觉到胎宝宝部分身体的轮廓。

营养大本营

这个月开始，孕妈妈要为分娩做准备了。在营养的摄入上，孕妈妈要根据自己的身体情况，做有针对性的调节。这个月的饮食目的之一是使胎宝宝保持一个合适的出生体重，从而有益于婴儿期的健康成长。需要强调的是，胎宝宝在最后2个月能够在体内储存一半的钙，孕妈妈可适当补充一些。

铜　为了减少胎膜早破的危害，还应增加铜的摄入量。铜在胶原纤维的胶原和弹性蛋白的成熟过程中起重要作用，而胶原和弹性蛋白又为胎膜提供了特别的弹性与可塑性。如果铜元素水平低就极易导致胎膜变薄，弹性和韧性降低，从而发生胎膜早破。

钙　妊娠全过程皆需补钙，但孕晚期钙的需求量显著增加，一方面孕妈妈自身钙的储备增加有利于防止妊娠高血压的发生，另一方面胎宝宝的牙齿、骨骼钙化加速，而且胎宝宝自身也要储存一部分钙以供出生后用，所以孕晚期钙的补充尤为重要。

维生素 B₁　是人体内物质与能量代谢的关键物质，具有调节神经系统生理活动的作用，可以维持食欲和胃肠道的正常蠕动以及促进消化。孕妈妈缺乏维生素 B₁，会出现食欲不佳、呕吐、呼吸急促、面色苍白、心率快等症状，严重时会影响分娩时的子宫收缩，从而导致难产，并可导致胎宝宝出生体重低，患先天性脚气病等。

用食物缓解紧张情绪

分娩的日子越来越近，很多妈妈开始变得紧张起来，甚至焦虑，这主要是对产痛、难产、胎宝宝畸形有一种担心与害怕。

孕妈妈如果出现了焦虑不安的现象，可以在日常饮食中注意多吃如下食物，可以帮助你化解不安的情绪。

水果当中，可以适当多吃一点葡萄，葡萄能健脑、强心、开胃、增加气力，所以孕妈妈食用可以化解不安。家人为孕妈妈准备日常的饭菜时，可以考虑适当多使用银耳、芝麻、莲子、糯米、小麦、百合、鹌鹑蛋等作为食材，这些食物也具有化解不安的功效。

锌元素是本月明星营养素

锌可以在分娩时促进子宫收缩，使子宫产生强大的收缩力，将胎宝宝推出子宫。孕妈妈最好在本月就开始适当摄入含锌食物，到分娩时就能动用体内的锌储备了。

孕妈妈每天摄入锌的量为 20 毫克，到了孕晚期可增加到 30 毫克。

蛋白质

绿豆
不宜过多食用
（每周 1 次）

妈妈宝宝营养情况速查

孕 9 月胎宝宝迅速增长，大脑发育加速，孕妈妈的新陈代谢也达到了高峰，需要储存更多的营养。现在需要更加全面、平衡的营养供应，才能满足孕妈妈和胎宝宝的营养需求。

维生素B₁

糙米　**苦菊**
可预防便秘　体质虚寒者少吃
（每周 1 次）　（每周 1 次）

铜

小米　**海米**　**土豆**　**鹅肝**
可以打成浆作为早餐　不要生吃海米　表皮变绿不宜吃　可养血补血
（每周 2 次）　（每周 1 次）　（每周 2 次）　（每周 1 次）

钙

虾皮　**黑芝麻**　**木耳**　**西瓜子**　**芝麻酱**
可与各种菜肴和汤品同食　脾胃虚者少吃　性凉，宜少吃　降压　一天不超过 10 克
（每周 2 次）　（每周 1 次）　（每周 1 次）　（每周 1 次）　（每周 2 次）

锌

桑葚　**白菜**　**苹果**　**香蕉**　**荔枝**　**牡蛎**
脾虚者不宜多吃　宜与鲤鱼同食　宜去皮吃　不要空腹吃　不宜多吃　炒食或做汤
（每周 1 次）　（每周 2 次）　（每天 1 个）　（每天 1 根）　（每周 2 次）　（每周 1 次）

孕 9 月饮食原则和重点

这个月科学饮食的目的之一，是使胎宝宝保持一个正常的出生体重，从而保证顺利生产，也有益于婴儿期的健康生长，同时也应注意重点营养素的供给，如钙、维生素 B₁ 等。

芹菜含有丰富的膳食纤维，是孕妈妈缓解便秘的好食材。

保持营养均衡

凡营养不良、贫血的孕妈妈所分娩的新生儿，其体重比正常者轻，所以孕期保证营养非常重要。对伴有胎盘功能减退、胎宝宝宫内生长迟缓的孕妈妈，应给予高蛋白、高能量的饮食，并补充足量的维生素和钙、铁等。

多吃富含膳食纤维的食物

富含膳食纤维的食物，如芹菜、苹果、桃；全谷类及其制品，如燕麦、玉米、糙米、全麦面包。

不要大量饮水

到了孕晚期，孕妈妈会特别口渴，这是很正常的孕晚期现象。孕妈妈要适度饮水，以口不渴为宜，不能过量喝水，否则会影响进食，增加肾脏的负担。此时，应该科学适量地摄入水分，避免水肿。

预防感冒，宜喝汤饮

这个时候，孕妈妈要积极预防感冒，避免接触家中感冒者使用的餐具。只要家中有人感冒，孕妈妈就要戴口罩。已经感冒的孕妈妈，可以喝一些食疗汤饮，喝完之后盖上被子，微微出点汗，睡上一觉，有助于降低体温，缓解头痛、身痛。

预防感冒的食疗方

橘皮姜片茶：橘皮、生姜各10克，加水煎，饮用时加红糖10~20克。

姜蒜茶：蒜、生姜各15克，切片加水1碗，煎至半碗，饮用时加红糖10~20克。

姜糖饮：生姜片15克，3厘米长的葱白3段，加水50克煮沸后加红糖。

孕 9 月饮食宜忌

这个月主要是为分娩做准备，为自身提供足够的能量，另一方面还要保证胎宝宝的营养需求，保证胎宝宝的体重适宜，出生体重过高或过低，均会影响宝宝的生存质量和免疫功能。

宜常吃西蓝花

孕妈妈常吃西蓝花能对胎宝宝的心脏起到很好的保护作用。西蓝花之所以具有这样的功效，是因为里面含有一种叫作 SGS 的物质，这种物质可以稳定孕妇的血压、缓解焦虑，同时也降低了孕晚期妊娠高血压发生的概率。

宜多吃助眠食物

很多孕妈妈到了孕晚期都会出现睡眠质量差的现象，可以适当补充一些助眠食物，保证睡眠质量。

牛奶有安眠的作用，如果在睡前喝 1 杯牛奶，可使孕妈妈较快地进入梦乡。

苹果、香蕉等水果，可抵抗肌肉疲劳，每天吃适量的水果，也有很好的安眠作用。

小米、莴苣、莲藕、莲子都有助眠的功效，孕妈妈在日常饮食中可以用小米、莲子煮粥，在晚餐食用或睡前食用，莴苣、莲藕洗净切片加适量蜂蜜用来煮汤喝，有很好的安神功效。

宜适当吃零食调节情绪

零食可以使人的精神进入最佳状态。美国耶鲁大学的心理学家发现，吃零食能够缓解紧张情绪，消减内心冲突。在手拿零食时，零食会通过视觉和手的接触，将一种美好松弛的感受传递到大脑中枢，产生一种难以替代的慰藉感，有利于减轻内心的焦虑和紧张。神经科医生常常向人们提出建议：在紧张工作或学习的间隙，吃点零食，可以转移人的思维，使人的精神得到更充分的放松。

零食的范围很广，但最好避免高盐、油炸、膨化等食品，孕妈妈可选择酸奶、坚果等零食。

莲子营养丰富，每 100 克莲子中含钙 89 毫克，含磷 285 毫克，含钾 2 毫克，能帮助孕妈妈稳定心神、增强记忆力。但不宜多吃，吃多了会使身体寒凉，对胎宝宝的健康不利。

鱼中的 Ω-3 脂肪酸能使人体大脑中的"开心激素"维持正常。孕妈妈孕晚期从海鱼中摄取的 Ω-3 脂肪酸越多，孕期及产后发生抑郁的可能性就越小。

✅ 宜吃最佳防早产食物——鱼

鱼被称为"最佳防早产食物"。研究发现，孕妇吃鱼越多，怀孕足月的可能性越大，出生时的婴儿也会较一般婴儿更健康、更精神。孕期孕妈妈每周吃 1 次鱼，早产的可能性仅为 1.9%，而从不吃鱼的孕妈妈早产的可能性为 7.1%。

✅ 宜吃莲藕

莲藕含有丰富的维生素、蛋白质、淀粉质、钙、磷、铁等营养素，食用价值非常高。中医认为，莲藕能稳定胎盘，防止意外早产。此外，莲藕的含糖量不高，又含有大量的维生素 C 和膳食纤维，特别适合孕晚期的孕妈妈食用。

孕妈妈可以做些用莲藕搭配的膳食，如红豆莲藕粥，来为胎宝宝补充铁质。

✅ 宜遵医嘱使用抗生素

孕期服用药物确实对孕妈妈自身和胎宝宝的发育不利，但如果孕妈妈得了某种感染性疾病，却拒绝服用抗生素，胎宝宝受到的伤害远比药物带来的副作用要严重得多。据统计发现，早产儿中就有约一半是因母亲感染引起的。所以，如果孕妈妈患某种感染性疾病，要在医生的指导下，正确选用抗生素，做到既能治疗孕妈妈疾病，又不影响胎宝宝健康。

高危妊娠需要注意哪些

保持营养均衡：凡营养不良、贫血的孕妈妈所分娩的新生儿，其体重比正常者轻，所以孕期保证营养非常重要。对伴有胎盘功能减退、胎宝宝宫内生长迟缓的孕妈妈，应给予高蛋白、高能量的饮食，并补充足量的维生素和钙、铁等。

卧床休息：可改善子宫胎盘的血液循环，减少水肿和妊娠对心血管系统造成的负担。

改善胎宝宝的氧供给：给胎盘功能减退的孕妈妈定时吸氧，每天 3 次，每次 30 分钟。

⊗ 不宜用餐没有规律

用餐不规律，不但对胎宝宝没有好处，对孕妈妈也同样没有好处。在怀孕期间，胎宝宝完全依赖孕妈妈来获得热量。如果孕妈妈不吃饭，胎宝宝将得不到足够的营养，就会吸收孕妈妈自身所储存的营养。如果孕妈妈不按时用餐，这一顿不吃，下一顿吃得多，那么多余的热量就会转化为脂肪储存起来。所以孕妈妈应避免过饥或过饱，要按时用餐并少吃零食。

⊗ 不宜吃马齿苋

马齿苋又名瓜仁菜，既是药物，又可当菜食用。但其性寒凉而滑利，对子宫有明显的兴奋作用，会使子宫收缩强度增大，易造成流产。因此孕晚期的孕妈妈最好不要食用，以免发生意外。

⊗ 不宜多吃高脂肪食物

孕晚期，孕妈妈每餐吃完之后，都会觉得胃部发麻，有灼热感，有时甚至加重为烧灼痛。因此，孕妈妈在日常饮食中要避免过饱，少吃高脂肪食物，不吃口味重或油煎的食物，以减轻胃的负担和不适。

⊗ 不宜多吃薯片

孕妈妈不能多吃薯片，因为薯片是经过高温处理的，油脂和盐分含量比较高，孕妈妈多吃除了会引发肥胖，还会诱发妊娠高血压等疾病，增加妊娠风险，所以不能多吃。

偶尔吃时，也要购买品牌知名度高，产品品质有保证的。还要了解产品的主要成分和食品添加剂的使用情况，尽量购买近期生产的产品。

孕妈妈不宜过多食用油炸食物。吃得过多，会造成油脂、热量的大量吸入，若膳食纤维摄入不足，运动量又不多，易造成脂肪堆积。

✖ 不宜吃鲜黄花菜

黄花菜不宜鲜食，因为新鲜黄花菜中含有秋水仙碱，进入人体后容易被氧化而产生有毒的氧化二秋水仙碱。秋水仙碱能溶于水，加热后这种毒素就可以被破坏掉。因此，孕妈妈吃鲜黄花菜最好用沸水焯一下，再用清水泡1小时左右，然后再炒食会比较安全。

✖ 不宜过多食用山竹

山竹果肉含丰富的膳食纤维、糖类、维生素及镁、钙、磷、钾等矿物质。中医认为其有清热降火、减肥润肤的功效。山竹虽然富含膳食纤维，但同时也含有鞣酸，过多食用反而会引起便秘。所以孕妈妈如果要食用山竹，一定要注意数量和方法，每天食用山竹以不超过3个为宜。

山竹本身性寒，所以最好不要和西瓜、豆浆、白菜、芥菜、苦瓜、冬瓜等寒性食物同吃。

✖ 不宜单以红薯做主食

红薯不宜作主食单一食用，一是由于红薯蛋白质含量较低，会导致营养摄入不均衡；二是如果食用红薯过量，会引起腹胀、胃灼热、反酸、胃疼等，所以最好以大米、馒头、粗粮为主，辅以红薯。这样既调剂了口味，又不至于对肠胃产生副作用。若单一食用红薯时，可以搭配蔬菜或蔬菜汤，这样可以减少胃酸分泌，减轻和消除肠胃的不适感。

美味又营养：红薯窝头

孕妈妈不妨将红薯和玉米粉一起做红薯窝头，美味又营养。

红薯洗净上锅蒸，将蒸好的红薯压成泥，加些玉米粉、奶粉，用水和成粉团。静置十几分钟让面粉与红薯充分融合。蒸锅中的水烧开后，把面团捏成一个个窝头，放进去，蒸15分钟左右，热气腾腾的红薯窝头就出锅了。孕妈妈可以尝试一下。

✖ 不宜吃蜜饯

孕妈妈常会感觉食欲缺乏，爱用蜜饯来刺激味觉，这种做法是错误的。因为许多蜜饯中含有甜蜜素、糖精钠等甜味剂，还含有胭脂红、苋菜红、亮蓝等着色剂以及用作漂白剂和防腐剂的二氧化硫。

长期过量食用这些添加剂会对身体造成伤害。比如二氧化硫会破坏体内的维生素 B_1，引起慢性中毒，引发支气管痉挛和哮喘。若长期超量食用人工色素会给人体的肝脏和肾脏带来危害。所以妇产科专家建议，对于这种没营养又没安全性的食物，最好别吃。

✖ 不宜为了控制体重而拒绝吃荤

对于孕妈妈来说，对牛磺酸的需求量很大，而素食的牛磺酸含量又很少，必然造成牛磺酸的缺乏。如果缺乏牛磺酸，会对孕妈妈自身及胎宝宝的视力产生影响。因此，为了胎宝宝视力的正常发育，孕妈妈可适当食用些鲜鱼、鲜肉、鲜蛋、虾、牛奶等含牛磺酸的食物，以避免造成孕妈妈和胎宝宝的视力异常。

✖ 妊娠糖尿病孕妈妈忌吃香蕉

香蕉能保护肠胃，润肠通便，降低血压，能使人的心情变得愉悦，减轻疼痛和忧郁，孕妈妈可每天食用 1 根。但是香蕉的糖分很高，1 根香蕉约含 120 卡热量（相当于半碗米饭），有妊娠糖尿病的孕妈妈要忌食。

✖ 忌吃膨化食品

膨化食品如薯条、虾条等，主要由淀粉、糖类和膨化剂制成，蛋白质含量很少，多吃可致肥胖。而且，通常膨化食品的含铅量比较高，这是因为食品在加工过程当中是通过金属管道的，而金属管道里面通常会有铅和锡的合金，在高温的情况下，这些铅就会汽化，汽化了以后的铅就会污染这些膨化食品。因此，孕妈妈一定不能吃膨化食品。

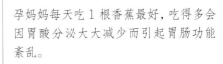

孕妈妈每天吃 1 根香蕉最好，吃得多会因胃酸分泌大大减少而引起胃肠功能紊乱。

第 33 周营养食谱搭配

一日三餐科学合理搭配方案

本月，孕妈妈要为分娩做准备了，在营养的摄入上，孕妈妈要根据自己的身体情况，做有针对性的调节。

早餐　什锦甜粥

主要原料：大米 100 克，绿豆、红豆、黑豆各 30 克，核桃仁、葡萄干各适量。

做法：①大米洗净；绿豆、红豆、黑豆洗净。②先将各种豆放入水中，煮至六成熟，放入大米，小火煮熟。③放入核桃仁、葡萄干稍煮即可。

● 营养功效：此粥中锌、铜含量丰富，营养又美味。

午餐　杂蔬饭

主要原料：大米 100 克，玉米粒 50 克，豌豆 30 克，胡萝卜 60 克。

做法：①胡萝卜洗净，切成玉米粒大小的粒；玉米粒、豌豆、大米分别洗净。②蒸锅中加水，把大米、玉米粒、豌豆、胡萝卜粒倒入，盖盖蒸熟即可。

● 营养功效：杂蔬饭富含碳水化合物、铁、锌等营养，孕妈妈常吃，有明目、健脾、安神的功效。

晚餐　煮豆腐

主要原料：豆腐 200 克，胡萝卜 100 克，油菜 50 克，葱、高汤、盐各适量。

做法：①豆腐冲洗干净，切成小块。②胡萝卜洗净，切丝；油菜洗净；葱切末。③将豆腐块、胡萝卜丝、油菜一同放入锅中，加高汤一起煮。④开锅后加盐、葱末即可。

● 营养功效：豆腐富含钙质，而且容易被身体吸收，对胎宝宝牙齿和骨骼的生长都有明显的促进作用。

酸奶布丁

主要原料: 鲜牛奶 200 毫升, 草莓、苹果、白糖、酸奶各适量。

做法: ① 草莓、苹果洗净, 切丁。② 鲜牛奶中加适量白糖同煮, 将白糖煮化。③ 牛奶晾凉后放入酸奶, 倒入玻璃容器中搅拌均匀。④ 放入草莓丁、苹果丁后冷藏, 食用时取出即可。

● **营养功效:** 这款酸奶布丁口感爽滑, 味道甜美, 可以代替小甜点, 既满足爱吃甜品的孕妈妈的心愿, 又能让孕妈妈有机会品尝到家庭制作的美味。

南瓜紫菜鸡蛋汤

主要原料: 南瓜 100 克, 鸡蛋 1 个, 紫菜、盐各适量。

做法: ① 南瓜洗净后切块; 紫菜泡发后洗净; 鸡蛋打入碗内搅匀。② 将南瓜块放入锅内, 煮熟透, 放入紫菜, 煮 10 分钟, 倒入蛋液搅散, 出锅前放盐即可。

● **营养功效:** 此汤味道鲜美、营养丰富, 适合孕妈妈食用。

清蒸鲈鱼

主要原料: 鲈鱼 1 条, 姜丝、葱丝、盐、料酒、酱油各适量。

做法: ① 将鲈鱼去除内脏, 收拾干净, 放入蒸盘中。② 将姜丝、葱丝放入鱼盘中, 加入盐、酱油、料酒。③ 大火烧开蒸锅中的水, 放入鱼盘, 大火蒸 8~10 分钟, 鱼熟后取出即可。

● **营养功效:** 鲈鱼是一种既补身又不会导致肥胖的营养食物, 是健身补血、健脾益气和益体安康的佳品。

第 34 周营养食谱搭配

一日三餐科学合理搭配方案

胎宝宝逐渐下降进入盆腔后，这段时间的饮食卫生尤其重要，因为随时可能分娩，如果因饮食不当造成孕妈妈出现疾病，会影响分娩及产后恢复。

早餐

牛乳粥

主要原料: 大米 100 克, 鲜牛奶 1 袋(250 毫升)。

做法: 将大米洗净, 煮粥, 快熟时加入鲜牛奶即可。

- 营养功效: 牛乳粥味道香甜可口, 有补虚损, 益肺胃, 生津润肠的功效, 如果孕妈妈有便秘的情况, 食用此粥会有很好的效果。

午餐

风味卷饼

主要原料: 鸡蛋 2 个, 香蕉 1 根, 核桃仁 30 克, 番茄酱适量。

做法: ①香蕉去皮, 竖着从中间切开, 将核桃仁摆在切面上。②平底锅加热, 滴少许油, 用刷子将油沾满平底锅。③鸡蛋打散, 油五成热时, 倒入蛋液, 转动平底锅, 使蛋液均匀铺在锅底。④蛋液稍微凝固后, 将香蕉和核桃仁放在鸡蛋饼上。⑤用铲子铲起鸡蛋饼, 将香蕉包起来。⑥继续煎 2 分钟, 装盘, 淋上番茄酱即可。

- 营养功效: 煎鸡蛋饼只用很少的油就行, 孕妈妈不用担心油腻。喜欢奶香口味的孕妈妈, 可以在蛋液中加些牛奶。

晚餐

鱼香肝片

主要原料: 猪肝 150 克, 青椒 1 个, 盐、葱花、姜末、蒜末、酱油、白糖、米醋、料酒、猪油、高汤、水淀粉各适量。

做法: ①猪肝洗净, 切成薄片, 用料酒、盐及部分水淀粉浸泡, 使其入味。②将白糖、酱油、米醋、高汤及剩余的水淀粉调成芡备用。③锅置火上, 放猪油, 加入浸好的猪肝、青椒、姜末、蒜末、葱花, 急炒几下, 勾芡即成。

- 营养功效: 此菜可以有效地帮助孕妈妈养血补肝,清心明目,补益五脏。

香菇苦瓜丝

主要原料: 苦瓜 100 克, 香菇 2 朵, 醋、白糖、香油、盐、姜各适量。

做法: ①苦瓜洗净, 去瓤, 切成丝; 姜洗净, 切成细丝。②香菇发好, 洗净, 切丝。③锅内倒油烧热, 爆香姜丝后, 放入苦瓜丝、香菇丝、盐翻炒几下, 加入白糖、醋继续翻炒片刻, 淋上香油即可。

● 营养功效: 香菇具有降低胆固醇的功效, 可增进食欲。苦瓜具有清热解暑的功效, 孕妈妈可适当食用。

芒果西米露

主要原料: 芒果 1 个, 牛奶 200 毫升, 西米、蜂蜜各适量。

做法: ①坐锅加水, 放入西米, 大火煮 10 分钟, 过凉。②芒果洗净, 取果肉切丁, 放入碗中。③芒果碗中放入蜂蜜、牛奶、西米, 搅拌均匀即可。

● 营养功效: 炎热的夏天, 孕妈妈可能已经吃够了西瓜、黄瓜, 那么, 不妨试试这款芒果西米露。吃不完的话, 可以放冰箱冷藏, 想什么时候吃就什么时候吃。

黑豆红枣粥

主要原料: 大米 30 克, 黑豆 50 克, 红枣、枸杞子各适量。

做法: ①黑豆用水浸泡 10~12 小时, 捞出洗净。②大米淘洗干净; 红枣洗净, 去核; 枸杞子洗净, 泡软。③将所有材料放入锅中, 加适量水煮熟即可。

● 营养功效: 中医理论认为, 赤色入心, 红枣和枸杞子属于红色食物, 因此能养心。红枣富含多种维生素和铁, 还能滋补身体, 让孕妈妈少了很多困扰。

第 35 周营养食谱搭配

一日三餐科学合理搭配方案

孕妈妈要在均衡饮食的前提下，注意荤素、粗细搭配，并补充富含蛋白质、碳水化合物、矿物质和维生素的食物。

早餐

牛肉鸡蛋粥

主要原料：牛里脊肉 20 克，鸡蛋 1 个，大米 150 克，葱花、料酒、盐各适量。

做法：①牛里脊肉洗净，切块，用料酒、盐腌制 20 分钟；鸡蛋打散。②大米煮至开花，放入牛里脊肉，同煮至熟，淋入蛋液稍煮，撒上葱花搅匀即可。

● 营养功效：此粥可为孕妈妈和胎宝宝补充蛋白质、铁等营养。

午餐

菠菜年糕

主要原料：年糕、菠菜各 100 克，面筋、白胡椒粉、菜子油、盐各适量。

做法：①菠菜洗净，备用。②炒锅中放菜子油，放入菠菜，炒至发软。③倒入适量开水，放入年糕，盖盖煮至年糕软糯。④面筋撕块，放入锅中。⑤加盐和白胡椒粉调味，出锅食用即可。

● 营养功效：菠菜年糕可以是菜，也可以是一道简单的主食，做起来方便快捷，冬天吃上 1 碗，会让孕妈妈身体暖暖的。

晚餐

爆炒鸡丁

主要原料：鸡胸肉 150 克(约半碗)，胡萝卜半根，土豆 30 克，鲜香菇 2 朵，酱油、料酒、水淀粉各适量。

做法：①胡萝卜、土豆洗净，切块；香菇洗净，切片；鸡胸肉洗净，切丁，用酱油、料酒、水淀粉腌 1 分钟。②油锅烧热，放入鸡丁翻炒，再将胡萝卜块、土豆块、香菇片放入炒匀，加水没过原料，小火煮至土豆绵软即可。

● 营养功效：此菜能提高孕妈妈和胎宝宝的免疫力。鸡肉中蛋白质含量高，易被人体吸收。胡萝卜、香菇营养丰富，能帮助人体吸收钙。

南瓜红枣汤

主要原料: 南瓜 200 克, 红枣、白糖、姜片各适量。

做法: ①南瓜去皮, 去子, 洗净, 切条; 红枣用温水泡开, 待用。②切好的南瓜条放入锅里, 加入红枣、姜片和清水, 煮 15 分钟。③去掉姜片, 加入白糖, 煮至南瓜熟透即可。

● **营养功效:** 南瓜含有一定的亚麻酸, 还有丰富的膳食纤维、维生素及碳水化合物, 是预防孕期高血压的好食材。

老鸭汤

主要原料: 老鸭 1 只, 酸萝卜 250 克, 豆腐 100 克, 姜 1 块, 盐、葱花各适量。

做法: ①老鸭收拾干净, 切块, 焯烫; 酸萝卜用清水冲洗干净, 切片; 豆腐切块; 姜拍烂。②把鸭块倒入油锅中翻炒至汤汁收干。③锅内加水烧开, 倒入鸭块、酸萝卜, 加入姜、豆腐块, 用小火煨 2 小时, 撒上葱花、盐即可。

● **营养功效:** 老鸭汤香气扑鼻, 汤鲜味美, 具有温胃养颜、清热驱寒、增强人体免疫力之功效, 集营养与美味于一身。

干煸菜花

主要原料: 菜花 300 克, 五花肉 50 克, 青椒、红椒各半个, 葱末、姜末、蒜末、生抽、盐各适量。

做法: ①青椒、红椒洗净, 切块。②五花肉洗净, 切丁; 菜花掰开, 放入盐水中浸泡 10 分钟左右。③油锅烧热, 放入葱末、姜末、蒜末、五花肉丁, 炒至变色, 倒入生抽。④放菜花, 大火翻炒至熟, 放入青、红椒块。⑤加少许盐调味即可。

● **营养功效:** 这道菜并不油腻, 不会引起孕妈妈的反感。另外, 青椒、红椒是用来提味的, 可以少放一些, 以免上火。

红豆双皮奶

早餐

主要原料：牛奶 1 袋（250 毫升），鸡蛋 1 个，红豆、白糖各适量。

做法：①鸡蛋取蛋清，倒入大碗；牛奶倒入小碗，入蒸锅隔水加热至微开，取出后静置；红豆洗净，煮熟。②待牛奶表层凝结成奶皮，掀起奶皮一角，将奶液倒入大碗中，使奶皮留在小碗底部。③大碗中加白糖，将里面的牛奶、蛋清和白糖搅匀，再倒回小碗中，使留在小碗底部的奶皮浮起。④小碗封上保鲜膜，入蒸锅隔水蒸 10 分钟，再焖 5 分钟，取出小碗，待冷却后又会形成一层新的奶皮，撒上煮熟的红豆即可。

- 营养功效：作为早餐食用，补钙补铁又利尿。

荷包鲫鱼

午餐

主要原料：鲫鱼 1 条，猪瘦肉 100 克，盐、酱油、料酒、白糖各适量。

做法：①鲫鱼从背脊开刀，挖去内脏，洗净，在身上划几刀。②将猪瘦肉洗净，切成细末，加盐拌匀，塞入鲫鱼背上的刀口处。③将鱼下油锅，两面煎黄，放入料酒、酱油、白糖、水各适量。④加盖烧 20 分钟，启盖后，淋少量油起锅即可。

- 营养功效：鲫鱼味道鲜美，肉质细嫩，对孕期水肿的孕妈妈有一定的疗效。

牛奶米饭

晚餐

主要原料：大米 100 克，牛奶 1 袋（250 毫升）。

做法：①大米淘洗干净，放入锅内，加牛奶和适量清水。②盖上锅盖，用小火慢慢焖熟即成。

- 营养功效：此饭奶香扑鼻，洁白柔软，色泽油亮，还含有磷、铁、锌及多种维生素、尼克酸（烟酸）等营养素，是孕妈妈的补益佳品。

猕猴桃橘子汁

主要原料： 猕猴桃、橘子、鸡蛋各 1 个。

做法： ①猕猴桃洗净，切去两头。②用勺子把猕猴桃果肉挖出，切成小块。③橘子去皮，掰瓣；鸡蛋煮熟，蛋黄备用。④把猕猴桃块、橘子瓣、蛋黄一同放入榨汁机中，加适量水榨汁即可。

● **营养功效：** 蛋黄能够为身体补充铁元素，还含有丰富的维生素 D，能促进钙的吸收。猕猴桃和橘子的味道十分可口，让孕妈妈尽享美味。

西红柿烧茄子

主要原料： 茄子 400 克，青椒、西红柿各 1 个，蒜、葱花、盐、酱油各适量。

做法： ①茄子洗净，切成滚刀块，撒些盐，静置 20 分钟，用手挤出水分。②青椒、西红柿洗净，切块；蒜切片。③蒜片入油锅炒香，加入西红柿、青椒同炒，倒入茄子，烧煮至熟时，用酱油调色，撒些葱花即可出锅。

● **营养功效：** 茄子中富含维生素、钙、铁等营养成分，孕妈妈多吃茄子有利于胎宝宝的健康。

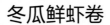

冬瓜鲜虾卷

主要原料： 冬瓜 200 克，大虾 5 只，火腿、胡萝卜、香菇、芹菜、水淀粉、盐、白糖各适量。

做法： ①冬瓜切薄片；大虾剁成蓉；火腿、香菇、芹菜、胡萝卜洗净切条。②用开水烫软冬瓜片。③焯熟其他蔬菜，拌入盐、白糖，包入冬瓜片内卷成卷，刷上油，上笼蒸熟取出装盘，用水淀粉勾芡淋在表面即可。

● **营养功效：** 此菜不仅能促进胎宝宝呼吸系统、消化系统和生殖系统的发育，还有利于胎宝宝指甲的生长及体内钙的储藏。

第36周营养食谱搭配

一日三餐科学合理搭配方案

本周要避免食用高热量、高脂肪食物，不吃口味重或油煎的食物，以减轻胃肠的负担。临睡前喝1杯热牛奶。

早餐 蛋黄紫菜饼

主要原料：紫菜30克，鸡蛋2个，面粉50克，盐适量。

做法：①紫菜洗净切碎，与蛋黄、面粉、盐一起搅拌均匀。②锅里倒入适量油，烧热，将原料一勺一勺舀入锅，用小火煎至两面金黄，出锅即可。

● **营养功效**：此饼可防治孕期贫血，对促进胎宝宝骨骼生长也有好处。

午餐 洋葱炒牛肉丝

主要原料：牛肉150克，洋葱25克，鸡蛋(取蛋清)1个，盐、酱油、白糖、水淀粉各适量。

做法：①牛肉洗净，切丝；洋葱去皮，洗净，切成丝。②牛肉丝中加入蛋清、盐、酱油、白糖、水淀粉搅拌均匀。③油锅烧热，放入牛肉丝、洋葱丝煸炒，调入酱油，加盐调味。

● **营养功效**：牛肉中富含铁，可满足胎宝宝储存铁的需要。

晚餐 香椿蛋炒饭

主要原料：熟米饭100克，鸡蛋2个，猪瘦肉75克，香椿125克，盐、淀粉各适量。

做法：①猪瘦肉洗净，切段，加盐、淀粉、半个鸡蛋清，抓匀上浆。②将另一个鸡蛋磕入碗内，加剩余的蛋清、蛋液和盐搅匀。③香椿洗净切碎。④炒锅上火，放油烧至四成热，下肉段滑散捞出。④炒锅置火上，放油少许，下肉丝、蛋液和香椿，大火翻炒均匀，倒入熟米饭继续翻炒，盛入盘内即成。

● **营养功效**：芳香诱人，是孕妈妈初春时节"尝春"的美食。

蜂蜜茶

主要原料: 蜂蜜 1 大勺, 香油适量。

做法: ①把香油和蜂蜜放入杯中混合均匀。②依个人口味适当加入温开水就可以了。

- 营养功效: 蜂蜜含有葡萄糖、果糖及多种酶类, 还含有维生素B_1、维生素B_6等。对孕妈妈来讲, 蜂蜜可以预防口干渴、贫血、便秘等症状。

胭脂冬瓜球

主要原料: 冬瓜 300 克, 紫甘蓝 150 克, 白醋 1 勺, 白糖适量。

做法: ①紫甘蓝洗净, 放入榨汁机中, 加适量水榨汁。②过滤后, 放入锅中煮几分钟, 然后放入碗中, 倒入白醋。③冬瓜洗净, 对半切开, 用挖球器挖出冬瓜球。④将冬瓜球放入开水中焯 3 分钟, 放入紫甘蓝汁中浸泡。⑤放冰箱冷藏半小时以上, 加白糖即可。

- 营养功效: 这道胭脂冬瓜球颜色亮丽, 味道独特。孕妈妈食用后, 不仅能补充维生素, 还能有效消除水肿的症状。

花生红薯汤

主要原料: 花生仁 100 克, 红薯 150 克, 红枣、姜片、白糖各适量。

做法: ①花生仁洗净浸泡 30 分钟; 红薯洗净、切块。②煮开大半锅水, 放入花生仁、红枣和姜片, 煮 15 分钟。③加入红薯块, 煮 30 分钟, 直到红薯块变软, 加入白糖调味即可。

- 营养功效: 花生可以预防孕妈妈产后缺乳, 还能解除孕妈妈的便秘之忧, 可谓一举两得。

孕 10 月
瓜熟蒂落啦

离分娩的日子越来越近，胎宝宝也开始储存能量，为出生做准备。孕妈妈的食欲此时也会增加，因而各种营养的摄取应该不成问题。为了分娩，也为了胎宝宝的健康，本月饮食的关键在于重质不重量，少吃多餐，没必要额外进食大量补品。孕妈妈也不要为了控制体重而减少饮食，因为此时胎宝宝开始储存生命之初必需的矿物质和生存所需的体内脂肪，控制饮食会使胎宝宝健康受到影响。

本月胎宝宝发育所需营养素

现在胎宝宝正以每天20~30克的速度增长体重，出生之前将会达到3200~3400克，身长接近50厘米。身体各部分器官已发育完成，肺部将在胎宝宝出生之后开始工作。在孕期的38~40周之间，小宝宝随时都可能降临人间。本月孕妈妈仍要多晒太阳，使机体多产生维生素D，以满足胎宝宝骨骼生长的需要。

营养大本营

进入怀孕的最后阶段了，胎宝宝的体重正以每天 20~30 克的速度增长着。胎宝宝就要足月了，随时可能与爸爸、妈妈见面了。孕妈妈不用紧张和焦急，适当活动和保证充分休息，同时补充充足的碳水化合物，为顺利分娩提供充足能量。

碳水化合物　分娩是体力活，因此饮食中含碳水化合物的食物少不了。虽然蛋白质也能提供热量，但是肉类中蛋白质所提供的热量远远不能达到分娩时的需求。只有碳水化合物才能提供最直接的热量。

维生素 B$_2$　在蛋白质、脂肪和糖类的代谢中起着重要作用。怀孕期间孕妈妈缺乏维生素 B$_2$ 会导致孕中晚期发生口角炎、舌炎、眼部炎症。同时，充足的维生素 B$_2$ 有利于铁的吸收。推荐孕妈妈每天摄入 1.7 毫克，大约相当于 100 克猪腰或鸡肝的含量。

铁　本月除胎宝宝自身需要储存一定量的铁之外，还要考虑孕妈妈在生产过程中会失血，易造成产后贫血，所以，孕妈妈仍要关注铁的补充。其他微量元素随着胎宝宝发育的加速和母体的变化，需求量也相应增加。孕晚期，孕妈妈只要合理饮食，一般不会影响各种微量元素的摄入。

分娩前怎样吃

"生孩子时应多吃鸡蛋长劲"，所以，临产前孕妈妈不管什么都要多吃，真的是这样吗？

人体吸收营养不是无限制的，过多摄入时，"超额"部分会经肠道及泌尿系统排出。由于加重了胃肠道的负担，可能会引起"停食"、消化不良、腹胀、呕吐，甚至更为严重的后果。

所以，分娩前，孕妈妈的饮食应以易消化的食物为主，依据自己的口味偏好，可选择蛋糕、面汤、稀饭、肉粥、藕粉、点心、牛奶、果汁、苹果、西瓜、橘子、香蕉、巧克力等多样饮食。每天可进食四五次，少吃多餐。

维生素 K 是本月明星营养素

维生素 K 有"止血功臣"的美称，经肠道吸收，在肝脏能生产出凝血酶原及一些凝血因子。因此，预产期前 1 个月，孕妈妈应多吃含维生素 K 的食物，必要时可在医生指导下每天口服维生素 K 制剂，以预防产后新生儿因维生素 K 缺乏所致颅内、消化道出血等症状。

碳水化合物

玉米
宜煮食
（每周 1 次）

铁

樱桃
每天不超过 12 颗
（每周 2~4 次）

黄花菜
宜吃干黄花菜
（每两周 1 次）

维生素 B_{12}

猪肉
宜与蔬菜同吃
（每周 2 次）

牛肉
炖、炒均可
（每周 1 次）

海鱼
宜清蒸
（每周 1 次）

鸡肉
不宜油炸、熏烤
（每周 1 次）

维生素 B_2

奶酪
每次吃 50 克
（每周 3 次）

油菜
做汤或炒食
（每周 2~4 次）

橘子
宜与橘络同食
（每周两三次）

豆腐
炒食、做汤
（每周 2 次）

亚麻子油
宜凉拌食用
（每周 5 次）

维生素 K

青椒
炒食、生食
（每周 2 次）

猕猴桃
利于心脏健康
（每天 1 个）

黄瓜
不宜和芹菜搭配
（每周 2 次）

圆白菜
可提高免疫力
（每周 2 次）

西蓝花
不宜烹调时间过长
（每周 1 次）

莴苣
妊娠高血压者宜吃
（每周 1 次）

妈妈宝宝营养情况速查

在怀孕的最后阶段，孕妈妈胃部不适感会有所减轻，但是，往往因为对分娩过程的恐惧心理，从而忽视了正常饮食的摄入。本月孕妈妈应该正常摄入营养，以保证有足够的体力来迎接即将到来的分娩。

孕 10 月饮食原则和重点

本月，孕妈妈的饮食以口味清淡、容易消化为佳，应多吃一些对生产有补益作用的食物，如西蓝花、香瓜、麦片、全麦面包等。在临近预产期的前几天，适当吃一些热量比较高的食物，为分娩储备足够的能量。

保证优质能量的摄入

应该多吃一些优质蛋白质，比如鱼、虾类的食物，可以在日常饮食里增加瘦肉类和大豆类食物。要多吃新鲜蔬菜和水果，保证摄入充足的维生素。在临近预产期的前几天，适当吃一些热量比较高的食物，为分娩储备足够的体力。

选择易消化的食物

在食物的选择上，孕妈妈要吃一些容易消化的、对生产有补益作用的食物，如西蓝花、紫甘蓝、香瓜、麦片、全麦面包、糙米、牛奶、动物肝脏和豆类等。同时，适当限制甜食、肥肉、食用油的摄入。

孕妈妈吃香瓜要适量。因为香瓜多糖，吃多了容易使血糖升高，对胎宝宝有一定影响。

饮食清淡，预防水肿

在这个月，孕妈妈的饮食还要保持清淡，勿摄入过多盐分，每天盐的摄入量控制在 6 克以下，以免加重四肢水肿，引发妊娠高血压。

除了继续坚持均衡饮食外，要多吃蔬菜水果，避免便秘。有些孕妈妈此时仍然食欲不佳，可以少吃多餐，切忌吃太多糕饼、甜食，造成产后身材恢复困难。

怎样调整饮食，为临产储备能量

1. 孕妈妈吃的食物要尽量做到种类齐全，保证摄入足够的营养素，除了主食外，副食要多样化，一日以四五餐为宜。

2. 为预防贫血，孕妈妈要多摄入含铁高的食物，如动物肝脏、肉类、鱼类、蔬菜(油菜、菠菜等)、大豆及其制品。

3. 经常吃一些汤汁类的食物，以利于泌乳，如鸡、鸭、鱼、肉汤或以豆类及其制品和蔬菜制成的菜汤等。

4. 保质保量地摄入食物，特别是含蛋白质、铁、钙、维生素 A 的食物，如鸡蛋、牛奶等。

孕 10 月饮食宜忌

怀胎十月，就要和宝宝见面了，孕妈妈的心情一定很复杂，既有与宝宝见面的惊喜期待，又有对分娩的恐惧不安，此时对于孕妈妈来说，最重要的就是饮食要有规律，情绪要稳定，这是顺利分娩的有力保证。

宜饮食重质不重量

这个月的饮食更应该重视质量，而不是数量。尤其不用额外地进食大量补品，孕期增重过多的孕妈妈还应该适当限制脂肪和碳水化合物等热量的摄入，以免胎儿过大，影响顺利分娩。食物以口感清淡、容易消化的为佳，多吃一些对生产有补益作用的食物，比如吃西蓝花、紫甘蓝、麦片和全麦面包可以获得维生素 K，其对血液凝结必不可少；多吃豆类、糙米、牛奶、内脏就可以补足硫胺素（维生素 B_1），避免产程延长。

宜继续坚持少吃多餐

进入怀孕的最后一个月了，孕妈妈最好坚持少吃多餐的饮食原则。因为此时胃肠很容易受到压迫，从而引起便秘或腹泻，导致营养吸收不良或者营养流失，所以一定要增加进餐的次数，每次少吃一些，而且应吃一些口味清淡、容易消化的食物。越是接近临产，就越要多吃些含铁质的蔬菜，如菠菜、紫菜、芹菜、海带、木耳等。要特别注意有补益作用的菜肴，这能为临产积聚能量。

宜多吃有稳定情绪作用的食物

孕妈妈的心情一定很复杂，既有"即将与宝宝见面"的喜悦，也有面对分娩的紧张不安。对孕妈妈来说，最重要的是生活有规律，情绪稳定。因此，孕妈妈要多摄取一些能够帮助自己缓解恐惧感和紧张情绪的食物。富含叶酸、维生素 B_2、维生素 K 的圆白菜、胡萝卜均是对这方面有益的食物。此时孕妈妈也可以摄入一些谷类食物，这些食物中的维生素可以促进孕妈妈产后乳汁的分泌，有助于提高宝宝对外界的适应能力。

菠菜含有铁元素，可以预防缺铁性贫血。孕晚期孕妈妈每周可以吃上两三次，但是食用菠菜前要先用开水焯一下，焯掉里面的草酸，以免草酸阻碍钙的吸收。

孕妈妈不要吃青木瓜，要吃熟透的木瓜。木瓜中的凝乳酶有通乳作用，孕晚期可适量吃些。

宜适当多饮用些牛奶

牛奶中含有两种催眠物质：一种是色氨酸，另一种是对生理功能具有调节作用的肽类。肽类的镇痛作用会让人感到全身舒适，有利于解除疲劳并入睡。对于待产前紧张而导致神经衰弱的孕妈妈，牛奶的安眠作用更为明显。牛奶中的钙也是促进胎宝宝骨骼发育的重要元素。

宜产前吃木瓜

木瓜有健脾消食的作用。木瓜中含有一种酵素，能消化蛋白质，可帮助分解肉食，减少肠胃的负担。木瓜酶催奶的效果显著，可以预防产后少奶，对于孕妈妈的乳房发育很有好处。

宜临产前保证高能量

孕妈妈营养要均衡，体重以每周增加 300 克左右为宜。在临近预产期的前几天，适当吃一些热量比较高的食物，为分娩储备足够的体力。分娩当天应该选择能够快速吸收、消化的高糖或淀粉类食物，以快速补充体力，不宜吃油腻、蛋白质过多、难以消化的食物。

宜产前吃巧克力

孕妈妈在产前吃巧克力，可以缓解紧张，促进积极情绪。另外，巧克力可以为孕妈妈提供足够的热量。整个分娩过程一般要经历 12~18 小时，这么长的时间需要消耗很大的能量，而巧克力被誉为"助产大力士"。因此，临近分娩的孕妈妈应准备一些优质巧克力，随时补充能量。

待产期间吃什么

第 1 产程食用半流质食物

在第 1 产程中，由于时间比较长，为了确保有足够的精力完成分娩，必须适量进食。食物以半流质或软烂的食物为主，如粥、面条、蛋糕、面包等，趁机补充营养和水分，以保证有足够的精力来承担分娩重任。

第 2 产程食用流质食物

快进入第 2 产程时，由于子宫收缩频繁，疼痛加剧，消耗增加，此时应尽量在宫缩间歇摄入一些果汁、藕粉等流质食物，以补充体力，帮助胎宝宝娩出。

宜剖宫产前禁食

如果是有计划实施剖宫产，手术前要做一系列检查，以确定孕妈妈和胎宝宝的健康状况。手术前一天，晚餐要清淡，午夜 12 点以后不要吃东西，以保证肠道清洁，减少术中感染。手术前 6~8 小时不要喝水，以免麻醉后呕吐，引起误吸。手术前注意保持身体健康，避免患上呼吸道感染等发热的疾病。

宜吃饱喝足为生产做准备

临产时，由于宫缩阵痛，有的孕妈妈不吃东西，甚至连水也不喝，这是不好的。分娩相当于一次重体力劳动，初产妇从规律宫缩开始到宫口开全，大约需要 12 小时，孕妈妈必须有足够的能量供给，才能有良好的子宫收缩力。待宫颈口开全，孕妈妈才有体力把宝宝分娩出来。

如果新妈妈进食不佳，会影响分娩的效率。为了宝宝及自身的健康，临产时孕妈妈注意饮食是很有必要的。如果是初产妇，无高危妊娠因素，准备自然分娩，可准备一些易消化吸收、少渣、可口味鲜的食物，如鸡蛋面条汤、排骨面条汤、牛奶、酸奶、巧克力等食物，同时注意补充水分，让自己吃饱吃好，为分娩准备足够的能量。否则吃不好睡不好，紧张焦虑，容易导致疲劳，将可能引起宫缩乏力、难产、产后出血等危险情况。

助产食谱推荐。肉类：虾仁馄饨、香菇鸡汤面、鸡肉水饺、鱼蓉拌饭、红烧鸡肉土豆、羊肉汤、红烧牛柳、肉片炒蘑菇、菠菜鸡丝面、腐竹粟米猪肝粥等。蛋白质类：海带豆腐汤、牛奶红枣粥、蒸蛋羹、红糖鸡蛋汤、西红柿鸡蛋面、红烧小豆腐、豆腐脑、牛奶炖鸡蛋、鸡蛋菠菜煎饼等。碳水化合物类：葱油花卷、红枣糕、香酥火烧、菠菜龙须面、千层饼、山药粥、南瓜粥、红枣粥等。

巧克力能量高，饱腹感强，能提高体力，常常用来作为孕妈妈分娩前的储备之物。但巧克力的 B 族维生素含量太低，而如果没有 B 族维生素的帮助，糖就不能顺畅地变成体能。所以，不能全靠巧克力补充能量，平时还要注重营养全面。

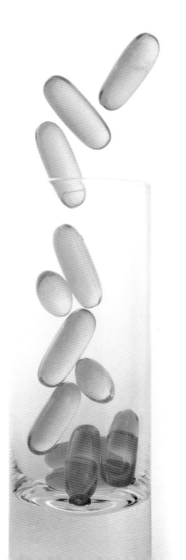

孕晚期孕妈妈不要再服用鱼肝油了，可以到户外晒晒太阳，这样补充钙健康又自然。

❌ 不宜继续服用鱼肝油

在这个月里，胎宝宝的生长发育已经基本成熟，孕妈妈应该停止服用钙剂和鱼肝油，以免加重代谢负担。

❌ 不宜过量食用海带

海带含有丰富的蛋白质、矿物质，特别是含碘量很高，对人体健康有益。但是孕妈妈过量食用海带，海带中的碘吸收进入血液后，可以通过胎盘进入胎宝宝体内。过多的碘可引起胎宝宝甲状腺发育障碍，婴儿出生后可能出现甲状腺功能低下。因此，孕妈妈不宜过量食用海带。

❌ 不宜产前暴食

分娩时需要消耗很多能量，因此有些孕妈妈就暴饮暴食，过量地补充营养，为分娩做体能准备。不加节制地摄取高营养、高热量的食物，会加重肠胃的负担，造成腹胀；还会使胎儿过大，在生产时往往造成难产、产伤。其实孕妈妈产前可以吃一些少而精的食物，诸如鸡蛋、牛奶、瘦肉、鱼虾和大豆制品等，防止胃肠道充盈过度或胀气，影响顺利分娩。

❌ 不宜临产前进补人参

有的孕妈妈在剖宫产之前就进补人参，以增强体质，补元气，应对手术消耗。但是，人参中含有人参苷，具有强心、兴奋的作用，会使孕妈妈大脑兴奋，影响手术的顺利进行。另外，食用人参后，会使新妈妈伤口渗血时间延长，不利于伤口的愈合。

❌ 不宜吃难消化的食物

临产前，由于宫缩的干扰和睡眠的不足，孕妈妈胃肠道分泌消化液的能力降低，吃进的食物从胃排到肠道里的时间由平时的 4 小时增加到 6 小时左右。因此，产前最好不吃不容易消化的食物，否则会增加胃部的不适。

✕ 不宜临产前吃高膳食纤维食物

含膳食纤维太多的蔬菜水果不宜多吃。膳食纤维会产生较多的粪便,当分娩正式开始,用力屏气的时候可能把便便也一起屏出来,那会让自己难堪。同样的道理,辛辣或气味较重的大蒜、韭菜等也最好少吃,不然苦了医生、护士,自己也尴尬。

✕ 不宜吃药缓解焦虑

待产期焦虑是暂时的,它的好转就像它来时那么快。孕妈妈只需要取得家人的理解与呵护,多与有同样经历的妈妈讨论一下分娩经验,多分散注意力就可以了。如果靠药物来减轻这些症状,分解的药物会随着胎盘进入到胎宝宝体内,胎宝宝吸收后身体会产生不良的反应。

✕ 不宜药物催生前吃东西

在开始施用药物催生之前,孕妈妈最好能禁食数个小时,让胃中食物排空。因为在催生的过程中,有些孕妈妈会出现呕吐的现象;另一方面,在催生的过程中也常会因急性胎儿窘迫而必须施

行剖宫产手术,而排空的胃有利于减少麻醉的呕吐反应。

✕ 不宜剖宫产前吃鱿鱼

鱿鱼体内含有丰富的有机酸物质,能抑制血小板凝集,不利于手术后止血与创口愈合。所以,剖宫产的孕妈妈要避免食用鱿鱼。

警惕分娩的前兆

这个月,应注意3个重要现象:宫缩、破水和流血。

宫缩:临近预产期,腹部一天有好几次发紧的感觉,当这种感觉转为很有规律的下坠痛、腰部酸痛(通常每六七分钟1次)时,两三个小时后就应该去医院检查,这意味着要临产了。

破水:临产后,宫缩频次加强,羊膜囊破了,有清亮的淡黄色水流出。如在临产前,胎膜先破,羊水外流,则应立即平卧并送医院待产。羊水正常的颜色是淡黄色。血样、绿色混浊的都要引起注意。

流血:临产前阴道流出少量暗红色或咖啡色夹着黏稠分泌物的液体,是正常的,如血多或鲜红,就应去医院。

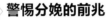

不仅剖宫产前不能吃鱿鱼,产后坐月子、哺乳期间都不宜吃鱿鱼。因为鱿鱼是寒性食物,产后本身就体虚,再吃寒性的食物不利于康复,而且鱿鱼容易回奶。

第 37 周营养食谱搭配

一日三餐科学合理搭配方案

孕妈妈可以选择体积小、营养价值高的食物以减轻对胃部的压迫，尽量采用少吃多餐的方式，以控制体重过快增长，减少分娩的困难。

早餐 羊肝胡萝卜粥

主要原料： 羊肝、大米各50克，胡萝卜1根，姜末、盐、料酒各适量。

做法： ①羊肝洗净，切片，用料酒腌一下；胡萝卜洗净，切丁。②大米煮粥至米开花，放入羊肝、胡萝卜，调入盐，煲10分钟，最后撒入姜末。

● 营养功效：羊肝胡萝卜粥滋养明目，是孕妈妈孕晚期的滋补佳品。

午餐 扁豆焖面

主要原料： 扁豆200克，面条、猪瘦肉各100克，酱油、料酒、葱末、姜末、蒜末、香油各适量。

做法： ①扁豆洗净，切段；猪瘦肉洗净，切小片。②锅内放底油，待热后，炒肉，加洗好的扁豆放入锅内翻炒。放入少量酱油、料酒、葱末、姜末、少量水炖熟扁豆。③把面条煮八成熟，均匀放在扁豆表面，盖盖后小火焖十几分钟。待收汤后，搅拌均匀，放蒜末、香油即可。

● 营养功效：扁豆的营养成分相当丰富，包括蛋白质、糖类、钙、磷、铁、叶酸及膳食纤维等，可为孕妈妈补充充分的营养素。

晚餐 韭菜盒子

主要原料： 韭菜400克，面粉500克，猪肉馅100克，鸡蛋3个，海米、宽粉、姜、料酒、盐各适量。

做法： ①油锅烧热，放入打散的鸡蛋，炒成碎末。②姜切末；宽粉加适量水煮烂；韭菜洗净，切碎。③将所有材料及调味料放在盆中，搅拌均匀成馅料。④温水和面，擀成薄皮。⑤包好馅料，放入油锅中，小火煎至两面金黄即可。

● 营养功效：韭菜能让体虚的孕妈妈身体暖暖的。

三丝木耳

主要原料: 猪肉 150 克, 木耳 30 克, 红椒、蒜末、盐、酱油、淀粉各适量。

做法: ① 木耳泡发好, 洗净, 切丝; 红椒洗净, 切丝。② 猪肉洗净切丝, 加入酱油、淀粉腌 15 分钟。③ 用蒜末炝锅, 放入猪肉丝翻炒, 再将木耳、红椒放入炒熟, 放盐调味即可。

● 营养功效: 贫血的孕妈妈可以多吃木耳, 补气养血。

凉拌鱼皮

主要原料: 鱼皮 300 克, 盐、醋、蒜泥、花椒、香菜、白糖各适量。

做法: ① 冷锅冷油, 投入花椒后开火, 翻炒出香味, 捞出花椒不要, 花椒油留用; 香菜择洗干净, 切成段。② 鱼皮用开水烫后捞出, 晾凉, 放入盆中加香菜段、盐、醋、白糖、蒜泥、花椒油拌匀盛盘即可。

● 营养功效: 鱼皮富含胶原蛋白, 是孕妈妈滋补皮肤、维护细胞健康的高蛋白、低脂肪食物。

陈皮海带粥

主要原料: 水发海带、大米各 50 克, 陈皮、白糖各适量。

做法: ① 海带洗净, 切成丝; 陈皮洗净, 切碎末。② 大米淘洗干净, 放入锅中, 加适量水煮沸。③ 放入陈皮末、海带丝, 不停地搅动, 用小火煮至粥将熟, 加白糖调味即可。

● 营养功效: 这道陈皮海带粥具有补气养血、清热利水、安神健身的功效。孕妈妈在临产的时候食用, 能积蓄足够力量, 顺利分娩。

第38周营养食谱搭配

一日三餐科学合理搭配方案

这个阶段,孕妈妈的饮食要清淡、可口,多吃易于消化的食物,可以吃一些制作精细、易于消化、营养丰富的菜肴,比如三鲜汤面、宫保素丁等。

早餐 鸡丝粥

主要原料: 鸡肉80克,大米150克,玉米粒50克,盐、葱末各适量。

做法: ①大米、玉米粒洗净;鸡肉煮熟后,捞出,撕成丝。②大米、玉米粒放入锅中,加适量清水,煮至快熟时加入鸡丝,煮熟后加盐调味,撒入葱末。

● **营养功效:** 此粥中富含碳水化合物,是孕妈妈滋补身体的好粥品。

午餐 鲶鱼炖茄子

主要原料: 鲶鱼1条,茄子200克,葱段、姜丝、酱油、白糖、黄酱、盐各适量。

做法: ①鲶鱼处理干净;茄子洗净,切条。②用葱段、姜丝炝锅,然后放酱油、黄酱、白糖翻炒。③加适量水,放入茄子和鲶鱼,炖熟后,加盐调味即可。

● **营养功效:** 鲶鱼中的蛋白质含量较多,具有补益身体的功效。

晚餐 三鲜汤面

主要原料: 面条100克,海参、鸡肉各10克,虾仁20克,鲜香菇2朵,盐、料酒各适量。

做法: ①虾仁、鸡肉、海参洗净,切薄片;鲜香菇洗净切丝。②面条煮熟,盛入碗中。③锅中放虾仁、鸡肉、海参、香菇翻炒,变色后放入料酒和适量水,烧开后加盐调味,浇在面条上即可。

● **营养功效:** 孕妈妈食用此面,有利于在产前补充能量。

椒盐小饼

主要原料：面粉 500 克，酵母粉 10 克，花椒粉、盐、植物油各适量。

做法：①取面粉 300 克加酵母和匀发成面团；取面粉 200 克加热开水和成烫面团。②发面团、烫面团加花椒粉及盐混匀，做成圆形饼状。③平底锅上火烧热，加适量油，放入压好的小饼，以小火煎至两面呈金黄色，再加入清水，盖上锅盖，以中火焖干；开锅，加入少许油，煎至两面酥脆，即可出锅。

● **营养功效：**这种小饼咸香适口，能增进孕妈妈食欲并补充碳水化合物，适合孕妈妈中餐食用。

宫保素丁

主要原料：荸荠、土豆、木耳各 50 克，胡萝卜半根，香菇 6 朵，花生仁、蒜末、豆瓣酱、盐、植物油各适量。

做法：①荸荠、胡萝卜、土豆分别洗净，去皮，切丁，焯至六成熟，捞出沥干；香菇、木耳泡发择洗干净，分别切片；花生仁煮熟透。②油锅烧热，用蒜末炝锅，将荸荠丁、胡萝卜丁、土豆丁、香菇、木耳、花生仁倒入翻炒，加入豆瓣酱、盐炒匀即可。

● **营养功效：**荸荠可以增强孕妈妈的抵抗力，它含有的膳食纤维能促进大肠蠕动，有效治疗便秘。

菠菜炒鸡蛋

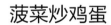

主要原料：菠菜 300 克，鸡蛋 2 个，葱丝、盐各适量。

做法：①菠菜洗净，切段，用沸水焯烫；鸡蛋打散。②油锅烧至八成热，倒入蛋液炒熟盛盘。③另起油锅，下葱丝炝锅，然后倒入菠菜，加盐翻炒，倒入炒好的鸡蛋，翻炒均匀。

● **营养功效：**菠菜含膳食纤维和矿物质，对孕妈妈和胎宝宝都有益。

第 39 周营养食谱搭配

一日三餐科学合理搭配方案

在分娩的前2周，孕妈妈可以吃一些热量稍高些的食物，为之后的分娩储备能量。但还是要控制脂肪的摄入量，以免胎宝宝体重增长过快。

早餐

牡蛎粥

主要原料： 牡蛎肉 100 克，大米、瘦肉各 30 克，料酒、熟猪油、盐各适量。

做法： ①大米洗净；牡蛎肉洗净；瘦肉切丝。②大米放入锅中，加适量清水，待米煮至开花时，加入瘦肉、牡蛎肉、料酒、熟猪油、盐，煮成粥即可。

● 营养功效：此粥富含硒、锌等矿物质，能够促进胎宝宝大脑发育。

午餐

腰果彩椒三文鱼粒

主要原料： 三文鱼 150 克，洋葱 1 个，红椒、黄椒、青椒各半个，腰果、酱油、料酒、盐、香油各适量。

做法： ①三文鱼洗净，切成丁，用酱油、料酒腌制 10 分钟；洋葱、红椒、黄椒和青椒都洗净，切丁。②油锅烧热，放入腌制好的三文鱼丁煸炒，然后加入洋葱丁、红椒丁、黄椒丁、青椒丁、腰果、盐和香油炒匀。

● 营养功效：三文鱼中含有丰富的不饱和脂肪酸，能进一步增强即将出生的胎宝宝的智力和视力水平。

晚餐

黑芝麻饭团

主要原料： 糯米、大米各 50 克，红豆沙 100 克，黑芝麻适量。

做法： ①将糯米、大米洗净，放入电饭煲中蒸熟。②盛出米饭，取一小团米饭，包入适量红豆沙，捏成饭团状，依次制作其余饭团。③黑芝麻炒熟装盘，饭团上滚一层黑芝麻即成。

● 营养功效：黑芝麻中的亚油酸有调节胆固醇的作用。该饭团营养丰富，热量充足，口感甜糯，是孕妈妈产前补充体力的佳品。

樱桃虾仁沙拉

主要原料：樱桃 6 颗，虾仁 20 克，青椒半个，沙拉酱适量。

做法：① 樱桃、青椒、虾仁择洗干净，切丁。② 虾仁丁放入开水中焯熟捞出，以冷开水冲凉。③ 虾仁丁、樱桃丁及青椒丁放入盘中拌匀，淋上沙拉酱即可。

- **营养功效**：樱桃含铁丰富，是水果中的冠军，虾仁是高铁、高钙食物。此菜补益效果绝佳，也能适应胎儿味觉的发育，防止宝宝出生后偏食、挑食。

土豆汤

主要原料：土豆 1 个，洋葱半个，盐、海米、高汤各适量。

做法：① 土豆去皮，切成块；洋葱切成丝。② 锅内放油烧热，加洋葱丝略炒出香味，加高汤烧沸，加入土豆块、海米、盐，煮熟即可。

- **营养功效**：此汤中含有丰富的碘等营养，有益于胎宝宝发育。

肉炒三丝

主要原料：芹菜 30 克，猪瘦肉、豆腐干各 50 克，盐、葱丝、姜丝、淀粉各适量。

做法：① 芹菜、豆腐干切丝；猪瘦肉横断面切成细丝，用淀粉、盐腌制。② 油锅烧热，放入肉丝，大火快炒至八成熟时倒出备用。③ 炒锅再上火，加入油烧热，将葱丝、姜丝煸香，放入芹菜、豆腐干丝，炒至八成熟时，放入已炒的肉丝及适量盐即可。

- **营养功效**：此菜中含有丰富的碳水化合物、铁等营养，能为分娩积蓄体能。

早餐

菠菜鸡蛋饼

主要原料: 面粉 100 克,鸡蛋 2 个,菠菜 50 克,火腿 1 根,盐、香油各适量。

做法: ①面粉倒入大碗中,加适量温水,再打入 2 个鸡蛋,搅拌均匀。②菠菜焯水,切小段,火腿切丁,倒入鸡蛋面糊里。③鸡蛋面糊中加入适量盐、香油,混合均匀。④平底锅加少量油,倒入鸡蛋面糊煎到两面金黄。

- 营养功效:此饼中碳水化合物含量丰富,可为胎宝宝补充能量。

午餐

薏米炖鸡

主要原料: 鸡 1 只,香菇 3 朵,薏米、白菜、盐各适量。

做法: ①薏米洗干净;香菇浸泡变软后去蒂洗净;白菜洗净。②鸡收拾好,洗净,放入沸水中煮片刻,取出冲洗干净。③把鸡放入炖锅内,加入适量的开水,炖约 1 个半小时;放入香菇、薏米,再炖 1 个小时;放入白菜和盐,稍炖即可。

- 营养功效:薏米能消除关节和肌肉的疼痛,鸡肉含有丰富的蛋白质、钙、磷、铁等,有利于胎宝宝出生前神经系统的成熟。

晚餐

鲷鱼豆腐羹

主要原料: 鲷鱼 1 条,豆腐 100 克,胡萝卜半根,葱花、盐、水淀粉各适量。

做法: ①鲷鱼清洗干净,切块,入开水焯洗烫捞出;胡萝卜去皮洗净,切丁;豆腐洗净,切丁。②锅内放水,烧开,放入鲷鱼块、豆腐丁、胡萝卜丁,小火煮 10 分钟,放入盐,用水淀粉勾芡后,撒上葱花即可。

- 营养功效:鲷鱼富含蛋白质、钙、钾、硒等营养成分,豆腐可补充钙质,加上富含维生素的胡萝卜,满足胎宝宝继续增加体重的需要。

红豆西米露

主要原料： 红豆、西米各 100 克，白糖、鲜牛奶各适量。

做法： ①红豆煮烂，加白糖捣成红豆沙。②西米煮到中间剩下个小白点。③将西米加入鲜牛奶一起冷藏半小时。④把红豆沙和鲜牛奶、西米拌匀即可。

● 营养功效：能缓解孕期水肿，平复孕妈妈临产前的焦躁情绪。

凉拌苦瓜

主要原料： 苦瓜 100 克，盐、香油（或橄榄油）各适量。

做法： 将苦瓜去子后洗净，放入开水锅中焯一下，再用凉开水冲洗一下，切成薄片，用适量盐、香油或橄榄油调拌。

● 营养功效：苦瓜性寒味苦，是很好的凉性食材，能清热解毒、止渴除烦，适合在夏季食用，还可预防妊娠糖尿病。苦瓜虽苦，但其富含的膳食纤维可清理口腔内的食物残渣，而且吃后嘴里会有淡淡的植物香味。

冬笋拌豆芽

主要原料： 冬笋 250 克，黄豆芽 200 克，火腿 1 根，盐、白糖、香油各适量。

做法： ①黄豆芽洗净；冬笋洗净，切成丝；火腿切丝。将黄豆芽、冬笋丝放入沸水中焯水，捞出过冷水，沥干。②将冬笋丝、黄豆芽、火腿丝一同放入碗内，加盐、白糖、香油拌匀即可。

● 营养功效：黄豆芽营养价值很高，蛋白质利用率较黄豆要提高 10% 左右；冬笋能促消化，还对孕期糖尿病有一定的食疗作用。

第 40 周营养食谱搭配

一日三餐科学合理搭配方案

本周孕妈妈的饮食重点就是补充足够的营养，保持体力，为顺产做准备。另外，黄豆中的磷脂能够促进孕妈妈产后身体的康复，要适当摄入。

早餐 苋菜粥

主要原料：苋菜 50 克，大米 100 克，香油、盐各适量。

做法：①苋菜洗净后切段；大米淘洗干净。②锅内加适量清水，放入大米，煮至粥将成时，加入香油、苋菜段、盐，煮熟即成。

● 营养功效：此粥营养易吸收，适合产前食用。

午餐 芝麻葵花子酥球

主要原料：熟葵花子、低筋面粉各 100 克，白糖、芝麻各 50 克，牛奶 30 克，红糖 20 克，鸡蛋 1 个，小苏打 5 克。

做法：①将熟葵花子、牛奶、红糖、白糖、鸡蛋液都放入食品料理机的搅拌机里，打成泥浆状。②将打好的葵花子泥倒入碗中。③小苏打和低筋面粉混合后筛入碗里，与葵花子泥搅拌成面糊。④用手将面糊揉成一个个小圆球，在圆球上刷一层蛋液，放在芝麻里滚一圈，然后放入烤盘里，以 170℃的温度烤 25 分钟左右即可。

● 营养功效：可迅速为孕妈妈和胎宝宝补充能量和热量。

晚餐 牛肉卤面

主要原料：面条 100 克，牛肉 50 克，胡萝卜半根，红椒 1/4 个，竹笋 1 根，酱油、水淀粉、盐、香油各适量。

做法：①将牛肉、胡萝卜、红椒、竹笋洗净，切小丁。②面条煮熟，过水后盛入汤碗中。③锅中放油烧热，放牛肉煸炒，再放胡萝卜、红椒、竹笋翻炒，加入酱油、盐、水淀粉，勾成芡汁浇在面条上，最后再淋几滴香油。

● 营养功效：这道面食适合在产前补充体力时吃，兼有补血的效果。

海米海带丝

主要原料: 海带丝 200 克, 海米 50 克, 红椒、姜片、盐、香油各适量。

做法: ①红椒洗净切丝; 姜片切细丝。②锅内倒油烧热, 将红椒丝以微火略煎一下, 盛起。③锅中加清水烧沸, 将海带丝煮熟软, 捞出装盘, 待凉后将姜丝、海米及红椒丝撒于海带丝上, 加盐、香油拌匀。

● **营养功效:** 此菜中丰富的矿物质, 对胎宝宝大脑发育有一定的辅助作用。

鲜莲银耳汤

主要原料: 银耳 1 朵, 鲜莲子 8 颗, 清汤、料酒、盐、白糖各适量。

做法: ①银耳泡发, 加清汤煮 1 小时左右, 取出。②鲜莲子剥去青皮和嫩白皮, 切去两头, 去心, 用水焯后, 用沸水浸泡 2 分钟。③烧沸清汤, 加入料酒、盐、白糖适量, 将银耳、莲子放入后略煮即可。

● **营养功效:** 莲子味甘, 性温平, 为养心、补脾、益肾之常用佳品; 银耳润肺生津、补脑强心。两者合用养颜和血、补气生津, 适合孕妈妈临产前食用。

金钩芹菜

主要原料: 芹菜 100 克, 虾仁 5 克, 葱末、姜末、盐各适量。

做法: ①芹菜择洗干净、切段, 用开水略焯一下; 虾仁用温水泡 10 分钟。②待锅内油热, 放入葱末、姜末炝锅, 下芹菜、虾仁、盐, 炒熟即可。

● **营养功效:** 此菜可防治孕妈妈筋骨疼痛, 还有催乳的作用。

附录 孕期常见不适调理方案

孕期止吐

孕期呕吐的主要症状就是恶心、呕吐,尤其是早上起床时或者闻到油烟味以及讨厌的味道时,更容易加重恶心的感觉。由于孕吐,孕妈妈还可能会出现体重下降、气色不佳、易疲劳、想睡觉等症状。孕早期是胚胎形成的时期,对营养素需求的增加不是特别明显,只要孕吐不严重,持续时间不长,孕妈妈每天还能吃一定量的食物,呕吐对孕妈妈和胎宝宝的影响就不会很大。

粟米丸子

主要原料: 粟米粉 200 克,盐适量。

做法: ① 将粟米粉加适量清水,揉成粉团,再用手搓成长条状,做成小丸子,备用。② 锅置火上,加入适量清水,大火煮沸,将丸子下入锅内,小火煮至丸子浮在水面后再煮三四分钟,加盐调味即可。

香菜萝卜汤

主要原料: 香菜 100 克,白萝卜 200 克,盐适量。

做法: ① 白萝卜洗净,去皮,切成片。② 香菜洗净,切成小段。③ 锅内倒油烧热,下入白萝卜片煸炒,炒透后加适量盐,小火烧至熟烂时,再放入香菜即可。

孕期贫血

孕期会遭遇两大类贫血：叶酸缺乏性贫血和缺铁性贫血。前者主要是由于怀孕后身体缺乏叶酸引起的，后者是因为孕妈妈孕前体内铁存储量不足，怀孕后未能及时通过饮食补充而引起的。到了孕晚期，孕妈妈自身需要和胎宝宝发育对铁的需求量达到孕前的2倍，因而也容易发生缺铁性贫血。

猪肝羹

主要原料：猪肝200克，鸡汤300毫升，盐、料酒、葱姜汁各适量。

做法：①猪肝洗净，切块，浸泡后沥干，放入榨汁机内，加鸡汤打碎，滤汁。②将滤好的汤加入盐、料酒、葱姜汁搅拌均匀，盛在小碗中，用电饭锅蒸10分钟，凝固即可。

栗子焖鸡

主要原料：小公鸡1只，栗子120克，料酒、白糖、葱段、姜末各10克，水淀粉15克，高汤1000毫升。

做法：①小公鸡洗净，剁成块，焯烫，捞出；栗子去皮。②油锅烧热，下鸡块炒香，锅留底油下葱段、姜末稍炒，再下鸡块及汤，加调料调味，放入栗子，待鸡肉熟汁浓时起锅装盘即可。

孕期水肿

怀孕后，由于孕妈妈内分泌发生改变，致使体内组织中的水分及盐类潴留，容易引起水肿。另外，随着胎宝宝逐渐增大，羊水增多，孕妈妈下肢静脉受压，也容易发生水肿。孕期水肿最早多出现于足背，以后逐渐向上蔓延到小腿、大腿、外阴以至下腹部，严重时会波及上肢和脸部，并伴有尿量减少、体重明显增加、容易疲劳等症状。

孕期出现一定程度的水肿是正常现象。如果在孕晚期只是脚部、手部轻度水肿，无其他不适，可不必做特殊治疗。水肿严重的孕妈妈应及早去看医生。

鲫鱼香菇汤

主要原料： 鲫鱼1条，香菇、油菜各50克，盐适量。

做法： ①鲫鱼去鳃、内脏，洗净，入油锅中炸成金黄色。②香菇洗净泡软；油菜洗净，中间切一刀。③将上述原料加水熬汤，大火烧开后转小火煮约20分钟，加盐调味即可。

凉拌莴苣

主要原料： 莴苣500克，酱油、醋、盐、香油各适量。

做法： ①把莴苣削皮洗净，切成小菱角块，盛入盘内，撒盐少许，拌匀腌10分钟，出水后沥干。②用小碗将酱油、醋、香油调好，淋在莴苣上，拌匀即可。

缓解胃胀气

孕早期，有的孕妈妈有时吃完东西后就不停地打嗝，不管吃什么都胀气，等稍微舒服了，就会感觉到饿，再吃东西又会重复以上过程。这就是孕期胃胀气的表现。孕中期以后，由于激素的影响，胃肠道蠕动变慢，造成里面的食物残留在体内发酵，使胃肠道内气体增多，形成胃胀气。

胃胀气的孕妈妈平时可少吃多餐，以一天吃6~8餐的方式进食，最好选择半固体、易消化食物，如奶酪等。吃饭时要细嚼慢咽，不要说话，也不要喝太多水。可以在饭后1小时进行按摩，以帮助肠胃蠕动。少吃淀粉类、面食类、豆类这些易产气且容易使肠胃不适的食物。多吃蔬菜、水果。吃容易消化的禽类或者鱼肉来补充蛋白质。

糖拌萝卜丝

主要原料：白萝卜、白糖、葱丝、姜丝、酱油、香油、醋各适量。

做法：①白萝卜洗净，切成细丝，撒上白糖。②放入葱丝、姜丝拌匀，再浇上酱油、香油、醋拌匀即可。

糖渍金橘

主要原料：金橘6个，白糖适量。

做法：①洗净金橘，放在不锈钢盆中，用勺背将金橘压扁去子，加入适量白糖腌制。②金橘浸透糖后，再以小火慢慢炖至汁液变浓即可。

孕期便秘

孕期，由于孕妈妈分泌的孕激素会使胃酸分泌减少，加之日渐增大的子宫压迫直肠，容易产生便秘。便秘是孕妈妈孕期最常见的烦恼之一，也是孕期经常疏忽之处。孕妈妈千万别小看这些习以为常的小毛病，如果孕早期不注意，晚期便秘会愈来愈重，严重者可导致肠梗阻，引发早产等。

孕妈妈平时应养成良好的排便习惯。排便时不要看书、看报，保持放松心态，避免因精神压力加重便秘。可以在每天早晨空腹时，饮用1大杯温水，使水来不及在肠道吸收便到达结肠，促进排便。可将核桃、酸奶、烤紫菜、青梅干、香蕉作为零食，这些零食不但富含营养，还有改善便秘的作用，一举两得。

韭菜炒虾仁

主要原料：虾仁 300 克，韭菜 150 克，葱丝、姜丝、香油、酱油、盐、料酒、高汤各适量。

做法：① 虾仁洗净，抽去虾线。② 韭菜洗净，沥干水分，切成 2 厘米长的段。③ 炒锅上火，放入油烧热，下葱丝和姜丝炝锅。④ 爆出香味后放入虾仁煸炒两三分钟。加入料酒、酱油、盐、高汤稍炒。⑤ 放入韭菜段，炒 3 分钟，淋上香油出锅即成。

北芪红枣鲈鱼

主要原料：鲈鱼1条，北芪25克，红枣、姜片、料酒、盐各适量。

做法：①鲈鱼去鳞、内脏，洗净抹干。②北芪洗净；红枣洗净，去核。③将鲈鱼、北芪、红枣、姜片、料酒一同放入炖盅内，倒入沸水，隔水炖1小时，加盐调味即可。

红薯山楂绿豆粥

主要原料：红薯100克，山楂10克，绿豆粉20克，大米30克，白糖适量。

做法：①红薯去皮洗净，切成小块；山楂洗净，去子切末。②大米洗净后放入锅中，加适量清水用大火煮沸。③加入红薯块煮沸，改用小火煮至粥将成，加入绿豆粉煮沸，煮至粥熟透加白糖和山楂末即可。

核桃仁拌芹菜

主要原料：芹菜100克，核桃仁4颗，盐、香油各适量。

做法：①芹菜择洗干净，切段，用开水焯一下。②焯后的芹菜用凉水冲一下，沥干水分，放入盘中，加盐、香油。③将核桃仁用热水浸泡后，去掉表皮，再用开水泡5分钟，放在芹菜上，吃时拌匀即可。

孕期腿抽筋

孕妈妈腿抽筋多是因为缺钙，但绝不能以小腿是否抽筋作为是否需要补钙的指标，也不能因小腿抽筋就大量补钙。因为个体对缺钙的耐受值有所差异，有些孕妈妈在缺钙时，并没有小腿抽筋的症状，而有些孕妈妈小腿抽筋也未必全是因为缺钙。孕期由于孕妈妈双腿肌肉的负担大，也可能发生抽筋的现象。另外，夜间睡觉时小腿肚子着凉、受压，也会引起抽筋。

孕妈妈一旦发生腿抽筋现象，可以马上用手抓住抽筋一侧的大脚趾，再慢慢伸直脚背，然后用力伸腿，抽筋就会马上缓解；或用双手使劲按摩小腿肚子，也能见效。为了防止夜间小腿抽筋，可在睡前按摩腿部，也可用热水洗脚、洗腿后再睡。夜间睡觉要避免潮湿和受凉。平时要穿软底鞋，不宜走太多路，以免过于疲劳。如果腿抽筋的情况频繁发生，则应就医治疗。

三鲜水饺

主要原料：猪肉 100 克(约 1/3 碗)，海参 1 个，虾仁 2 个，木耳 1 朵，饺子皮 20 个，葱末、姜末、香油、酱油、料酒、盐各适量。

做法：①猪肉洗净，剁成碎末，加适量清水，搅打至黏稠，再加洗净切碎的海参、虾肉、木耳，然后放入酱油、料酒、盐、葱末、姜末和香油，拌匀成馅。②饺子皮包上馅料，捏成饺子；下锅煮熟即可。

不爱吃煮水饺的孕妈妈，
也可以做成煎饺。

黄豆莲藕排骨汤

主要原料： 黄豆1小勺，排骨100克，莲藕80克，盐、料酒、高汤、醋、姜片各适量。

做法： ①排骨洗净、切段；莲藕去皮，洗净切块；黄豆洗净，泡2个小时。②锅中放入油，油温五成热时倒入排骨段翻炒，放入料酒、高汤、姜片、黄豆、盐、醋、藕块。③开锅后移入砂锅中，炖至肉骨分离即可。

银鱼豆芽

主要原料： 银鱼20克，黄豆芽300克，鲜豌豆、胡萝卜丝各50克，葱花、盐、白糖、醋各适量。

做法： ①银鱼焯水沥干；豌豆煮熟。②炒锅加底油，爆香葱花，炒黄豆芽、银鱼及胡萝卜丝，略炒后加入煮熟的豌豆，可调成糖醋味。

芹菜牛肉丝

主要原料： 牛肉150克，芹菜50克，料酒、酱油、水淀粉、白糖、盐、葱丝、姜片各适量。

做法： ①牛肉洗净，切丝，加料酒、酱油、水淀粉腌制1小时左右；芹菜择叶，去根洗净，切段。②热锅放油，下姜片和葱丝煸香，然后加入腌制好的牛肉和芹菜段翻炒，可适当加一点清水。③最后放入适量盐和白糖，出锅即可。

妊娠高血压

妊娠高血压是妊娠期女性特有且比较常见的疾病，是引起孕妈妈及胎宝宝死亡的主要孕期疾病。该病以高血压、水肿、蛋白尿、抽搐、昏迷、心肾功能衰竭为主要临床特征。一般在妊娠20周以后出现。如在妊娠期首次出现血压升高，且两次测量间隔6小时都达到140/90毫米汞柱，可诊断为妊娠高血压。

妊娠期有血压偏高的孕妈妈平时要保持心情舒畅，精神放松；卧床休息时采取左侧卧位；注意控制体重；尽量少吃或不吃糖果、点心、甜饮料、油炸食物及高脂食物；不吃太咸或含钠高的食物。

罗布麻鸭块

主要原料：罗布麻叶30克，鸭肉400克，盐适量。

做法：① 罗布麻叶洗净；鸭肉切块。② 鸭肉块在沸水中煮一下，去浮沫。③ 罗布麻叶装入布袋中，扎口后与鸭肉块同时放入锅中，加盐、水炖至鸭肉熟烂，即可食用。

山药枸杞黑鱼汤

主要原料：淮山药20克，枸杞子10克，黑鱼250克，姜块、葱段、盐各适量。

做法：①淮山药、枸杞子洗净；黑鱼收拾干净。②炒锅倒油烧至六成热时下黑鱼稍煎一下，加水、姜块、葱段，煮沸10分钟。③捞去姜葱，加淮山药、枸杞子，再煮至鱼汤变乳白色，调入盐即可。

妊娠糖尿病

怀孕后由于孕妈妈体内的生理变化会生成一些抗胰岛素物质，出现血糖升高和尿糖，这就是患妊娠糖尿病的主要原因。同时，饮食结构不合理，营养过剩，高糖、高脂肪、高蛋白质的食物摄取过多，都容易引发妊娠期糖尿病。宝宝出生后，大多数患有妊娠糖尿病的孕妈妈不会再有糖尿病。但一旦得过妊娠糖尿病，再次怀孕时发生妊娠糖尿病以及往后发生糖尿病的风险都会明显增加。

患有妊娠糖尿病的孕妈妈要满足孕期的营养需求，但同时应对饮食进行控制，以免引起血糖过高：控制主食的摄入量，少吃糖及含糖食物；烹调时不要放太多的油；尽量少吃肥肉及油炸食物；限制水果的摄入量。

豆腐羹

主要原料：嫩豆腐 200 克，胡萝卜 1 根，苋菜 50 克，高汤、盐、葱花各适量。

做法：①将嫩豆腐切成小方块；胡萝卜切成细丝。②豆腐、胡萝卜与苋菜一起放入锅中与高汤一起煮，开锅后加盐调味，起锅后加入葱花即可。

玉竹炒藕片

主要原料：玉竹 3 根，莲藕 1 节，胡萝卜半根，盐、姜汁、葱花各适量。

做法：①玉竹洗净，切段，焯熟；莲藕去皮，洗净，切片，焯水；胡萝卜洗净，切片。②油锅烧热，倒入藕片、玉竹段、胡萝卜片炒熟，加盐、姜汁翻炒均匀，撒上葱花即可。

图书在版编目 (CIP) 数据

孕妈40周饮食圣经 / 李宁主编 . -- 南京：江苏凤凰科学技术
出版社 , 2015.10
（汉竹•亲亲乐读系列）
ISBN 978-7-5537-5032-3

Ⅰ . ①孕… Ⅱ . ①李… Ⅲ . ①孕妇－妇幼保健－食谱
Ⅳ . ① TS972.164

中国版本图书馆 CIP 数据核字 (2015) 第 155377 号

凤凰汉竹

中国健康生活图书实力品牌

孕妈 40 周饮食圣经

主　　　编	李　宁	
编　　　著	汉　竹	
责 任 编 辑	刘玉锋　张晓凤	
特 邀 编 辑	马立改　曹　静　张　欢	
责 任 校 对	郝慧华	
责 任 监 制	曹叶平　方　晨	

出 版 发 行	凤凰出版传媒股份有限公司
	江苏凤凰科学技术出版社
出版社地址	南京市湖南路 1 号 A 楼，邮编：210009
出版社网址	http://www.pspress.cn
经　　销	凤凰出版传媒股份有限公司
印　　刷	南京新世纪联盟印务有限公司

开　　本	715mm×868mm　1/12
印　　张	20
字　　数	150 千字
版　　次	2015 年 10 月第 1 版
印　　次	2015 年 10 月第 1 次印刷

标 准 书 号	ISBN 978-7-5537-5032-3
定　　价	49.80 元

图书如有印装质量问题，可向我社出版科调换。